竹文化的育人价值与实现

帅陆虎　董杜斌　徐　达　编著

中国环境出版集团·北京

图书在版编目（CIP）数据

竹文化的育人价值与实现 / 帅陆虎，董杜斌，徐达
编著. -- 北京 ：中国环境出版集团，2024. 12.
ISBN 978-7-5111-6105-5

Ⅰ. S795

中国国家版本馆CIP数据核字第2024HJ5352号

责任编辑　宾银平
封面设计　宋　瑞

出版发行　**中国环境出版集团**
　　　　　（100062　北京市东城区广渠门内大街 16 号）
　　　　　网　　址：http://www.cesp.com.cn
　　　　　电子邮箱：bjgl@cesp.com.cn
　　　　　联系电话：010-67112765（编辑管理部）
　　　　　　　　　　010-67113412（第二分社）
　　　　　发行热线：010-67125803，010-67113405（传真）
印　　刷　北京鑫益晖印刷有限公司
经　　销　各地新华书店
版　　次　2024 年 12 月第 1 版
印　　次　2024 年 12 月第 1 次印刷
开　　本　787×1092　1/16
印　　张　11
字　　数　200 千字
定　　价　72.00 元

编委会

主　任　帅陆虎　董杜斌　徐　达

成　员（按姓氏笔画排序）

王淑琪　吕悦萌　朱孔漫　乔若男

寿云蕾　吴巧巧　沈颖凯　张芯茹

张碧瑶　陈博文　郑朝烨　曹佳妮

常强强　程奕然　程钰涵　焦钰瑶

前　言

在浩瀚的中华文化长河中，竹文化以其独特的魅力熠熠生辉，成为中华民族精神与文化的重要象征之一，是中华文化宝库中的一颗璀璨明珠。从古代咏竹的诗词书画、竹简、竹编到现代的竹建筑、竹制艺术品，竹子不仅承载着历史的记忆，更蕴含着深厚的文化底蕴和育人价值。本书正是基于这一背景，深入挖掘竹文化的内涵，探讨其在现代教育中的育人功能与实践路径。

作为自古以来文人墨客笔下的常客，竹子以其坚韧不拔、虚怀若谷的精神品质深入人心。从先秦时期的竹简到现代社会的竹制品，竹子以其独特的魅力贯穿中华文明的发展历程。本书通过系统梳理竹文化的历史渊源与现代特质，揭示竹文化在不同历史时期所展现出的多样性和生命力。同时，本书从文化育人的理论出发，结合教育学、心理学等多门学科，深入剖析了竹文化融入教育的理论基础和实践路径。

在内容编排上，本书共分为八章。第一章和第二章分别介绍了文化育人相关理论和竹文化的历史渊源与现代特质，为后续的探讨奠定了坚实的理论基础。第三章进一步探讨竹文化融入教育的理论探索，包括竹文化育人的理论基础、竹文化与教育心理学以及竹文化与课程整合策略。第四章着重阐述竹文化的育人理念与价值，从德育、智育、体育、美育等多个方面揭示竹文化在培养学生综合素质方面的独特作用。第五章和第六章分别为实现竹文化育人实践的场域研究以及竹文化育人实现的运行机制。第七章介绍 3 个典型的竹文化育人实践案例。第八章深入分析竹文化育人当前面临的困境，并提出针对性的路径思考，同时对未来竹文化教育的展望进行了积极的探索，以期为竹文化在教育领域的实践应用提供有益的参考。

本书在撰写过程中力求做到理论与实践相结合，既深入挖掘竹文化的内涵与价值，又紧密联系实际，探讨竹文化在教育领域的具体应用。同时，本书还注重图文并茂，通过丰富的图片和生动的案例，使读者更加直观地感受竹文化的魅力所在。

我们坚信，本书的问世将对推动竹文化在教育领域的传承与发展起到积极的促进作用。同时，我们也期待更多的教育工作者和研究者能够加入到竹文化育人的研究与实践中来，共同为培养具有高尚品德、创新精神和实践能力的全面发展人才贡献自己的力量。

编　者

2024 年 11 月

目 录

第一章
文化育人相关理论

第一节　文化及其育人功能

一、文化的内涵与特性

（一）文化的内涵解读

文化的概念复杂而多维，古今中外对"文化"的解释有数百种。从广义角度来看，文化凝聚了人类在历史长河中创造的一切精神财富，诸如语言、艺术、科学、宗教、道德及习俗等，深刻地反映了人类的行为准则、思维方式以及深层次的价值观念。从社会视角来看，文化包括物质文化、精神文化、制度文化和环境文化等多个层面[①]，以及人类与自然、社会、历史和地理环境的相互作用和适应[②]。从学科视角来看，文化被定义为人类生活的总和，其中包括生活方式、思想观念、艺术形式、制度规范等。这些定义虽然各有侧重，但都强调文化是作为人类社会存在和发展的基础性要素而存在的。文化涵盖了人类社会发展各个方面的精神产物，其内涵之丰富、深邃，令人叹为观止。换言之，文化是人类社会活动的产物，同时又作为人类活动的环境影响和塑造着人类的行为与思想。谈及文化的外延，其范围涉猎更广，几乎涵盖了人类生活的方方面面。无论是物质的还是精神的，无论是社会的还是个人的，无论是高雅的还是通俗的，都可以在文化的范畴中找到归属。这使得文化成了一个复杂而多元的系统，其中各种元素相互交织、相

---

① 王冀生. 大学文化的科学内涵[J]. 高等教育研究, 2005, 26(10): 5-10.
② 南帆. 文化的意义及其三种关系[J]. 江苏大学学报(社会科学版), 2009, 11(4): 1-10.

互影响，共同构成了丰富多彩的人类文化①。

在中华传统文化中，文化被视为一种深植于民族精神和社会生活中的智慧和创造力的体现②。中华传统文化的核心包括儒、释、道三家思想，共同构成了中华民族的精神支柱和文化精髓。除此之外，中华传统文化所推崇的自强不息、推己及人、和谐中道等价值观，都是其内涵的重要组成部分。在现代语境下，文化的内涵进一步扩展，除了传统的文化元素，更包含科技、教育、政治等现代社会生活的各个层面。而文化的哲学意涵就在于它与人的不可分割性，以及在人类生存进程中的多样形态和相互作用③。因此，文化在人类社会中占据着举足轻重的地位，不仅塑造着人类的精神世界，也引领着人类社会发展的方向。同时，文化始终是社会变革的先导和核心力量，正是文化知识的不断创新和不同文化之间的相互交流碰撞，推动着社会不断进步，人类文明不断创造和发展④。

（二）文化的普遍性与特殊性

文化的普遍性与特殊性是理解文化本质和功能的重要维度。一般而言，文化的普遍性体现在其作为人类共同的、基本的生活方式和社会实践的共性上，而特殊性则体现在不同文化或同一文化在不同历史时期所展现出的独特性和多样性上。从普遍性的角度来看，文化具有主体性、实践性、创造性、系统性和历史性等基本特征，彰显了文化的本质，也为文化的研究和理解提供了基础。例如，文化作为"人化"的体现，是人类存在的方式，文化通过主体的实践活动得以创造和传承⑤。此外，文化的普遍性还体现在其能够跨越时空和地域，成为人类共同遵守的价值规范和共识⑥。文化的特殊性同样不容忽视。从文化的特殊性来看，每一种文化都有其独特的表现形式和内在逻辑，而文化特殊性源于其不同的历史背景、社会结构和民族特性。不同民族的文化因其独特的地理环境、历史发展和社会组织而展现出不同的文化形态和价值取向⑦。

在正确对待和处理文化的普遍性与特殊性的关系时，要认识到两者并不是对立的，

---

① 万里. 关于"文化产业"定义的一些思考[J]. 湖南第一师范学报, 2001(1): 17-20, 24.

② 王祥云. 中国传统文化的内涵及现实意义[J]. 开封大学学报, 1996(4): 43-46.

③ 黄航. 文化的哲学意涵与时代意蕴[J]. 求实, 2012(4): 27-30.

④ 张莹莹. 浅谈中华文化传承问题[J]. 神州, 2018(34): 33.

⑤ 徐华, 周晓阳. 论文化的基本特征[J]. 南华大学学报(社会科学版), 2012, 13(4): 23-26.

⑥ 杨亮才, 刘钊. 文化的普遍性和特殊性——从普世文化谈起[J]. 延安大学学报(社会科学版), 2006(4): 5-8, 12.

⑦ 钱逊. 文化的普遍性和特殊性——文化研究中一个基本的方法论问题[J]. 文史哲, 1989(3): 33-38.

而是相辅相成的。在全球化背景下，科技发展与经济互联加速了文化同质化趋势，但对民族文化个性的尊重和保护也是不可或缺的。因此，在推动文化发展的同时，应努力寻找普遍性与特殊性的平衡点，既要对自己的文化传统进行创造性的转换和创新性的发展，同时又要对不同文明的传统保持彼此尊重包容的基本态度，推进多元文明的对话、交流和互鉴。

二、文化的育人功能

文化作为人类社会发展的精神产物，既承载着深厚的历史底蕴，也承担着独特的育人功能。在探讨文化的育人功能时，不难发现文化与教育之间的紧密联系。教育是文化传承和创新的重要途径，而文化则为教育提供了丰富的内容和深厚的底蕴。教育可以系统地让人们学习和掌握文化知识，培养文化素养，提高文化品位，从而更好地传承和发展人类文化。同时，文化也在潜移默化中影响着人们的思想和行为方式，塑造着人们的价值观念和道德准则。这种影响深远而持久，往往能够伴随人的一生。因此，我们可以说文化是教育之根、育人之本。

作为人类创造的精神财富，文化体现着人类所有的行为方式、思维方式和价值观念，潜移默化地影响着个体的成长和发展。文化的熏陶使个体在接触、感知和体验中接受并内化文化元素，形成独特的与世界交流的思维和方式。文化的引领作用通过优秀文化的感召和鼓舞，激发个体的创造力和创新精神，而文化的塑造功能则通过深度影响个体的精神世界，促进其自我完善和全面发展。

文化的育人功能首先体现在对个人思维方式的影响上。在长期的文化熏陶下，个体会逐渐形成特定的思维模式，这种思维模式又会影响个体对世界的认知和理解。东方文化强调整体、和谐与悟性，而西方文化则更注重个体、分析与逻辑。不同的文化背景塑造了不同的思维方式，进而影响了个体的行为和决策[①]。文化对个体价值观念的形成具有决定性作用。文化通过传承和弘扬特定的价值观念，如诚信、仁爱、勤劳等美好品质，可以引导个体形成积极向上的价值观，从而规范其行为，提高其道德素养。文化还能塑造个体的行为习惯，固定行为习惯的养成往往与所处的文化背景密切相关。在礼仪之邦的中国，人们从小就养成了尊老爱幼、礼貌待人的行为习惯，这些习惯又进一步塑造了

---

① 黄琳. 跨文化交际中的冲突分析与应对策略[J]. 科技资讯, 2011, 9(5): 242.

中华民族的传统美德。除此之外，文化的育人功能还体现在激发个体潜能、促进人的全面发展上。文化为个体提供了广阔的学习和发展空间，通过接触和学习不同的文化知识，个体可以拓宽视野、增强素养、提升能力，从而实现自身的全面发展。

在当今社会，随着全球化加速和科技的迅猛发展，文化的育人功能更加凸显。全球化使得不同文化之间的交流日益频繁，个体需要具备跨文化交流的能力以适应这一趋势。而科技的迅猛发展则对个体的创新能力提出了更高的要求，可以通过优秀文化的弘扬和创新，培养具有国际视野、创新精神和实践能力的高素质人才，为国家的繁荣富强和社会的和谐进步提供有力支撑[①]。

三、文化育人的源出与生成

（一）文化育人根源于人的生理与心理需要

人类在出生时就具备了一些基本的生理和心理结构，为文化活动提供了先天基础。无论是从生理还是从心理的角度来看，人类天生就具有对美好事物的欣赏能力和创造性思维的倾向。考古学和进化人类学研究表明，智人（Homo sapiens）在出生时就具备了能够进行想象和社交的大脑，能够享受共享发明的乐趣，并对手工制作的物品和音乐有自然的美感[②]。从生理角度来看，人类大脑的发展显示出了对社会环境的基本适应性。研究表明，婴儿期的人类社会脑网络在多个领域（如面部和眼动处理，情绪感知，生物运动解码，人类行为感知和联合注意）中已经呈现出早期功能前体，这说明人类从出生起就具有处理社会信息的基本能力。此外，胎儿期的行为研究也揭示了人类在子宫内就开始展现出复杂的行为模式，包括物种典型的反应和条件反射。从心理结构的角度来看，婴儿在与世界互动的过程中逐渐形成了自我、他人和世界的复杂认识，这一过程涉及共享的节奏、情感模式和人际常规，以及文化规范、概念和符号等元素，为个体进一步发展与世界的互动提供了可能性，为文化活动的参与和发展开辟了新的途径。

进一步来讲，教育过程中的文化育人不仅是知识的传授，更是一种特殊的文化实践

---

① 潘麦玲. 跨文化教育的内涵、必要性、开展途径及原则[J]. 知识文库, 2016(13): 2.

② Trevarthen C, Gratier M, Osborne N. The human nature of culture and education[J]. Wiley Interdisciplinary Reviews: Cognitive Science, 2014, 5(2): 173-192.

过程。教育通过文化理解与认同、文化反思与批判等方式促进人的全面发展[①]，体现了文化育人对满足人的发展需求的重要性，即通过文化的传递、内化与再创造，使人能够获得文化中所蕴含的智慧，实现真正意义上的全面发展[②]。除此之外，文化育人的实施路径包括环境熏陶、人格感化、风气驱使、价值引领等，它们都强调了文化在塑造个体心理和行为方面的作用[③]。

（二）文化育人生成于人的生产生活实践

文化育人不仅是一种理念或方法，更是一种深植于人们日常生活和生产实践中的教育方式。文化育人的哲学思想则强调文化育人所蕴含着的文明的教育化和教育的文明化两个维度，这两个维度已构成当下中国教育普遍面临的双重诉求[④]。这表明文化育人不仅是理论上的探讨，也深深植根于人们的生产生活中，通过文化的传承与创新、碰撞与交融以化解人的文化身份焦虑，提升社会整体的文明化水平。近年来，"五育文化"特色育人的实践探索进一步证明了文化育人与人民生产生活实践的紧密联系。温州市第八高级中学通过与学校传统、管理制度、课程体系、教学方式、社会实践等方面的紧密对接，充分整合及发挥德、智、体、美、劳之于人的全面发展的内在功能[⑤]，直接体现了文化育人如何在实际的生产生活实践中发挥作用，形塑了修身文化、成才文化、健康文化、尚美文化和实践文化。

此外，"生活·实践"教育[⑥]的历史渊源与理论基础也提供了重要参考[⑦]。陶行知先生的"生活教育"理论是"生活·实践"教育模式的重要历史渊源。陶行知先生在20世纪前期创立的生活教育学说，强调教育应与生活紧密结合，提出了"生活即教育""社会即学校""教学做合一"的教育理念。"生活·实践"教育模式还受到了杜威的"教育即生活"理念的影响。杜威认为教育应当与生活紧密相连，强调学习应当发生在真实的生活情境中，这与"生活·实践"教育模式的核心理念相契合。"生活·实践"教育

① 郭元祥, 刘艳. 论课堂教学中的文化育人[J]. 课程·教材·教法, 2020, 40(4): 31-37.

② 马晓伟, 李彦芳, 王桂波. 文化育人特点研究[J]. 边疆经济与文化, 2022(7): 104-106.

③ 项红专. 文化育人的多维审视[J]. 中国德育, 2022(12): 32-35.

④ 李建国. 文化育人的哲学省思[J]. 高等教育研究, 2014, 35(4): 8-15.

⑤ 吴长青, 林可夫, 苏强. "五育文化"特色育人的探索实践[J]. 教育研究, 2017, 38(3): 154-159.

⑥ "生活·实践"教育是一种基于生活和实践的教育理念，强调教育来源于生活与实践，通过生活与实践，为了生活与实践。其基本目标是培养学生的自主力、生活力、学习力、实践力、合作力和创新力，推动人的全面发展。

⑦ 申国昌, 李楠. "生活·实践"教育的历史渊源与理论基础[J]. 宁波大学学报(教育科学版), 2022, 44(3): 16-22.

模式在继承杜威的"教育即生活"、欧美新教育运动以及中国近现代教育理论本土化探索成果精髓的基础上，紧密结合习近平总书记实践育人重要论述，具有深厚的历史渊源和坚实的理论基础。

第二节　文化育人的内涵、本质与价值目标

一、文化育人的内涵

文化育人的核心内涵丰富而深远，其核心在于社会主义核心价值观的引领与践行。这一内涵不仅体现了对教育本质的深刻理解，也彰显了文化在人才培养中的独特作用和价值。习近平总书记强调"发挥社会主义核心价值观对国民教育、精神文明创建、精神文化产品创作生产传播的引领作用"，这表明了文化是国家和民族之魂，为教育事业发展、为文化育人指引了方向。文化育人的基本内涵是通过优秀的文化作为核心内容，以潜移默化的方式对人进行启发、教育和影响，从而实现人的全面而自由的发展。[①]

文化育人作为高校党建工作的重要组成部分，是坚持立德树人、贯彻"五育并举"、实现"三全育人"、融通"十大育人"体系的重要举措，也是办好中国特色社会主义大学的内在要求。中国特色社会主义文化源自中华优秀传统文化，熔铸于中国革命文化、社会主义先进文化，植根于中国特色社会主义伟大实践。对于高校而言，建设特色鲜明的世界一流大学，必须充分认识到文化自信引领高校校园文化建设的必然性，始终坚持以社会主义核心价值观为引领，弘扬中华优秀传统文化、革命文化、社会主义先进文化，以文化人以文育人，通过聚焦主题、创新形式、搭建平台，全方位多维度实施文化建设以凸显高校价值塑造的重要性，并力争以高校校园文化建设推动社会主义先进文化。

从发展历程的角度来看，文化育人就是在教育实践中，主动地从历史上所沉淀的文化中吸收营养，创造一种具有浓郁文化气息的环境气氛，对学生和教师的心灵进行滋养，对学生的品德进行熏陶，从而达到大学的育人作用。大学在培养人才的同时，也会在漫长的历史时间和空间中，形成一套完整的价值体系。人类社会的物质和精神文明成就，是通过外显的和隐性的教育方式，在长时间的积累和内化过程中，对受教育者的身心产生一种无形的影响，让他们能够从中获取到成长与发展所需的养分，从而使他们的情感

<hr>

① 满炫. "以文化人"理念下高校文化育人目标的价值取向及科学设定[J]. 江苏高教, 2018(5): 68-71.

更加充实，行为发生变化，提升他们的能力和道德。2017 年 12 月，教育部发布了《高校思想政治工作质量提升工程实施纲要》，正式确立了包括文化育人在内的"十大育人"体系，明确了文化育人的实践策略是"注重以文化人以文育人"。文化育人扎根新时代，具有丰富深刻的理论内涵和时代意蕴①。党的十八大以来，党和政府非常重视发挥中华优秀传统文化铸魂育人功能，有关部门先后印发了《完善中华优秀传统文化教育指导纲要》（教社科〔2014〕3 号）、《关于实施中华优秀传统文化传承发展工程的意见》（2017 年中共中央办公厅、国务院办公厅印发）、《中华优秀传统文化进中小学课程教材指南》（2021 年教育部印发）等相关文件，充分体现了对青少年加强文化教育的高度重视和战略意义。

从发展主体的角度来看，文化育人，就是以教育对象为出发点，按照现代青少年的特征和教育教学的目的来育人。具体来说，就是要以身边的模范为核心，构建具有鲜明个性的榜样文化，使之温暖、激励和启发学生；开展丰富多彩的文化活动，以"春风化雨、润物无声"的教学方法，起到以文化人以文育人的滋养作用，使受教育者在不知不觉中被熏陶和感染，找到自己的位置，明确自己的人生方向，在奋斗中实现自身价值。在现实生活中，年轻的大学生具有强烈的自主性和个性化，这对新时期的文化教育提出了新的要求。因此，在进行文化育人时，一定要将学生个人的发展需求考虑进去，把他们的积极性充分地发挥出来，并通过"创先争优"表彰大会、微信公众号发布的推文等多种方式，以榜样的力量来激发同学们的斗志。

从营造历程的角度来看，文化育人是指学校以特有的文化为教育资源，通过学校文化的有机整合，以直接或间接的方式对学生产生积极正面影响，其目标在于实现以文化人和以文育人的目的。文化育人是学校落实立德树人根本任务的重要方式，是学校高质量育人的内在要求，也是学校特色办学的必然要求。②高校通过开展丰富多彩的文化活动，将多种文化以不同的方式融入青年学生的日常学习生活中，培育学生的文化意识，提升学生的文化素养，为实现立德树人根本任务提供了有力的文化支撑③。

文化育人，既是对历史文化的传承，也是对时代精神的弘扬。在历史的长河中，中华民族创造了辉煌灿烂的文明成果，这些成果不仅是民族智慧的结晶，也是文化育人的

---

① 教育部. 高校思想政治工作质量提升工程实施纲要[N]. 人民日报, 2017-12-06(13).
② 刘冲, 任爽. 学校文化育人的价值定位与优化路径[J]. 教育实践与研究, 2023(30): 55-58.
③ 陈建伟. 高校传承弘扬中华优秀传统文化的逻辑理路[J]. 武夷学院学报, 2023, 42(7): 79-84.

宝贵资源。教育者应深入挖掘历史文化的精髓，将其融入教育教学之中，让学生在学习中感受历史的厚重与文化的魅力。同时，文化育人还需紧跟时代步伐，把握时代脉搏。在当今世界，全球化、信息化、网络化等趋势深刻影响着人们的生活方式和价值观念。教育者应引导学生正确认识和理解这些变化，培养他们的全球视野和跨文化交流能力。同时，要关注社会热点、难点问题，引导学生用所学知识分析解决问题，培养他们的社会责任感和使命感。文化育人不仅是社会主义核心价值观的深入践行，也是历史性与时代性的有机融合；文化育人既关注学生的个性化需求与全面发展，也致力于营造积极向上的校园文化氛围。在未来的教育实践中，我们应继续深化对文化育人内涵的理解与把握，不断创新教育方式方法，努力培养更多德、智、体、美、劳全面发展的社会主义建设者和接班人。

二、文化育人的本质

文化育人的本质是一个多层次、多维度的概念，它深刻影响着人的成长与发展，其深远意义远不止于个体成长与社会进步的层面，更触及人类文明传承与创新的根本。它不仅是知识传授与技能培养的载体，更是价值观塑造、精神世界构建的关键途径。在这一过程中，文化作为历史的沉淀与时代的镜像，其丰富性、多样性和深刻性为文化育人提供了广阔的空间与无限的可能。在"文以载道"的悠久传统与"以文化人"的深远实践中，文化育人被赋予了"立德"的崇高使命，即通过优秀文化的正向价值进行引导，细腻地滋养学生的心田，精心培育其道德品性，最终达成"立德树人"这一教育的根本目标。党的十八大以来，习近平总书记围绕文化育人做出一系列重要论述，深刻阐释了文化育人的理念与内涵，要求发挥中华优秀传统文化对人的塑造作用，深入落实立德树人根本任务，不断加强和创新文化育人工作。文化在本质上是实践的产物，无论是人类整体的文化，还是一个国家的文化，它都是一种历史发展的进程，它与人类的发展进程是互相交织、融合的，它和个人的发展是一种双向的、循环的关系。

文化的力量，其核心在于其独特的价值导向作用。它如同一盏明灯，照亮人类前行的道路，引领着人们迈向道德、理性、真善美的崇高境界。这种价值导向不仅是文化自身发展的必然归宿，也是文化育人所追求的核心要义。文化育人作为一种独特的教学方法，其影响深远且持久。它涵盖了文化继承与习得、文化理解与认同、文化反思与批判、文化觉醒与自信等多个层面，旨在促使被教育者在文化的浸润下，形成将文化精髓内化于心、外化于行的思想与行为自觉。在新时代背景下，文化育人的重要性越发凸显。它要求教育者紧密结合中国特色社会主义建设的实际需求，致力于培养具有坚定文化自信、强烈文化认同和卓越创新能力的时代新人。这一目标的实现，不仅需要教育者具备高度的责任感与使命感，还须具备深邃的文化洞察力与创新精神。他们应当勇于突破传统教学的束缚，将课程知识的文化属性充分展现，使教学过程成为一场生动的文化实践，让学生在掌握知识的同时，也能获得文化积淀、人文素养与人文情怀的全面提升。

文化育人的基本依据在于文化对人产生的教育意义，它是文化的过程、教育的过程和人的发展的过程之间活跃的联系和活跃的循环。文化育人强调的是被教育者在文化的影响下，能够形成一种将其内化于心、外化于行的思想与行为自觉。文化育人的最终目的在于实现人的文化本性，使个人能够理性地融入文化之中，并取得高度的人类文化与国家文化身份的认同，是人的社会化的基本标志。在新时代背景下，文化育人还需积极应对全球化、信息化的挑战与机遇。作为"育人"的教育，其最基本的目标是推动人的发展，让个人成为人，既是社会人，也是文化人，是符合当代社会主义核心价值观的人。人类的发展进程和文化进程是"生动循环"的，这就决定了这一进程与文化进程有着内在的关联。文化育人既是一种价值观、一种行为规范，也是一种制度、一种手段。它指导学生对先进文化的认同，让学习知识的过程变成学生的文化实践，让教学具有文化的特质，从而达到文化教育的作用。文化育人要紧密结合中国特色社会主义建设的实际需求，培养能够勇于担当民族复兴大任的时代新人。这要求教育者在文化育人的过程中，注重培养学生的文化自信、文化认同和创新能力。这是一项长期而又艰巨的系统工程。它要求教育者保持耐心与恒心，持续不断地对学生进行文化的熏陶和滋养。要想真正地发挥文化教育的作用，就必须突破点状的知识教学、符号孤立的知识教学以及平面的知识教学的局限。要将课程知识的文化属性充分地表现出来，突出教学的文化性，真正地让学生的知识学习过程变成一种独特的文化实践，让他们的文化积淀、人文素养和人文情怀得到发展。

以文化人、以心灵塑形、以心灵陶冶、以心灵为美。文化育人是一种教学方法，通过文化继承和文化习得、文化理解和文化认同、文化反思和文化批判、文化觉醒与文化自信，促进文化传承与发扬，增强民族自豪感和认同感，从而形成有民族意识和特质的社会，增强国家的凝聚力和治理效能。

文化育人的本质是一种综合性的教育理念与实践活动，它旨在通过文化的力量促进人的全面发展与社会的和谐进步。在新时代新征程上，我们应不断深化对文化育人本质的认识与理解，不断创新文化育人的方式与方法，为培养更多具有高尚品德、深厚文化底蕴和创新能力的人才贡献力量。

三、文化育人的价值目标

党的十八大以来，习近平总书记以高瞻远瞩的战略眼光和深厚的人文情怀，高度重视并深刻阐述了文化育人的时代价值与实践路径。他的一系列重要讲话和指示，不仅为新时代文化育人工作指明了方向，也为推动中国特色社会主义文化繁荣发展提供了强大动力。2016 年，在全国高校思想政治工作会议上，习近平总书记提出"把思想政治工作贯穿教育教学的全过程，要更加注重以文化人以文育人"的理念。2017 年，习近平总书记在党的十九大报告中强调："文化自信是一个国家、一个民族发展中更基本、更深沉、更持久的力量。"[①]2023 年，习近平总书记在文化传承发展座谈会上强调："要坚定文化自信、担当使命、奋发有为，共同努力创造属于我们这个时代的新文化，建设中华民族现代文明。"在这一时期，文化自信不仅是推动文化繁荣和建设文化强国的基础，也是构建中华民族现代文明的重要基石。

在全球化背景下，文化自信成为一个国家软实力的重要体现。文化育人不仅是提升国民整体素质的关键环节，更是构筑民族文化自信、实现文化自强的重要基石。文化育人在提高国民素质方面起到了很大的作用，也是增强文化自信的一种重要方式，只有在文化育人的过程中，我们才能打下良好的群众基础，并为教育工作提供一种科学、高效的教学方法。基于"平视一代"的观念，我们应在教育中树立起一种文化自信，使"平视一代"在自身的成长过程中，将这种自信内化于精神气质和文化性格之中，从而成长为真正的中国人，成为有骨气的人。同时，文化育人为中国特色社会主义建设的实现，为解决当前文化自信不足、文化认同缺失等问题提供了有力的支持和指导。

高校作为文化传承与创新的前沿阵地，其文化育人工作尤为重要。它不仅是"立德树人"教育理念的集中体现，也是培养具有社会责任感、创新精神和实践能力的高素质人才的重要途径。在实施过程中，高校需将社会主义核心价值体系作为文化育人的灵魂，深度融合中华优秀传统文化、革命文化和社会主义先进文化，形成一套既具有时代特色

---

① 习近平. 决胜全面建成小康社会夺取新时代中国特色社会主义伟大胜利——在中国共产党第十九次全国代表大会上的报告[N]. 人民日报, 2017-10-28(3).

又富含文化底蕴的育人体系。为实现这一目标，高校需不断创新文化育人的方式方法。一方面，要充分利用现代信息技术手段，打造线上线下相结合的文化育人平台，为学生提供更加丰富、多元、便捷的学习资源；另一方面，要积极探索跨学科融合教育、文化体验式教学等新型教育模式，让学生在参与和体验中深化对文化的理解和认同。同时，高校还需加强与社会各界的合作与交流，形成文化育人的强大合力，共同营造有利于青年学生健康成长的良好环境。此外，高校还应注重培养学生的国际视野和跨文化交流能力。在全球化的今天，文化交流与互鉴已成为不可逆转的趋势。高校应鼓励学生开阔视野，了解不同文化背景下的思想观念和价值取向，增进对不同文化的理解和尊重。同时，要积极传播中华优秀文化，提升中华文化的国际影响力和感召力。

建构高校文化是实现文化育人的现实途径。文化育人和立德树人在实施主体、内容核心和实施策略上存在着高度的一致性。要把学校、家庭、社会和企业的力量集中起来，把社会主义核心价值体系作为主要内容，把中华优秀传统文化、革命文化和社会主义先进文化作为重要的支持力量。以中国特色社会主义优秀文化塑造人、激励人、引导人、培育人，在"以文化人以文育人"新思想的基础上，打造全方位的育人视野，提高民众的文化素质，增强国家文化软实力。大学要按照新时期的发展需求，树立一个好的社会形象，并通过各种媒介、文化交流等多种途径，提高大学文化的影响力，推动大学整体的发展，让大学文化的育人工作真正落到实处。

文化育人工作是一项持久性的任务，要求高校文化育人相关工作者保持耐心与恒心。习近平总书记强调，"人无德不立，育人的根本在于立德"。文化育人是落实立德树人的重要举措，在新时期具有重要意义。在文化育人的实践中，要不断地进行传承和创新，将信息技术运用到文化育人的内容、形式和手段上，进行创新性转化，以中华优秀传统文化、革命文化、社会主义先进文化为基础，进行文化育人。要强化和完善文化教育，坚持文化育人的方向，以立德树人为中心，始终坚持社会主义的办学方向，在把握时代的同时，注重系统性，增强创新性，以学生的文化认同为重点，培养学生的文化自觉，增强学生的文化自信，使学生树立正确的世界观、人生观、价值观，培养能够勇于担当民族复兴大任的时代新人。实现高校文化育人的目标是一个漫长的过程，绝非一蹴而就，需要参与主体坚定信心，保持耐心、恒心，扎实推进高校文化育人工作[1]。

---

① 常姗，张素.新时代高校文化育人价值与实践探究[J].人才资源开发，2023(15): 20-22.

第三节　文化育人的理论溯源

文化具有重要的育人价值①，文化育人就是以文化人以文育人。其利用各种文化形式或载体，将教育内容融入人们的生活之中，让人们在相应的文化气氛中，潜移默化地受到文化的熏陶。文化育人是一个跨学科、跨时代的广泛议题，它涵盖了从古代到现代、从东方到西方的多种文化和教育理念。同时，文化育人这一概念在历史长河中也在不断演变，它不仅是一种教育方式，更是一种深刻的社会现象，影响着一代又一代人的思想和行为。文化育人不仅展示了文化的多样性和丰富性，也为理解和应对当今教育挑战提供了深刻的参考和启示。

文化育人的广泛性和跨学科性，突出了文化的力量在教育和社会发展中的重要作用。文化不仅是知识的载体，更是道德、思想和价值观的传递工具。通过文化，人们在潜移默化中吸收了社会规范、行为准则和精神理念，这种过程比单纯的课堂教学更为长效和深远。通过文学、艺术、历史等，文化塑造了个体的世界观和行为方式。文化育人不仅是传递知识与技能的手段，更是塑造个体人格、思想和行为的重要途径。理解和实践文化育人，有助于我们更好地应对当代教育和社会的复杂挑战，塑造全面发展的人才。

在当今全球化和信息化的背景下，文化育人更显其重要性。全球化带来了文化的碰撞与融合，多元文化环境中的育人挑战和机会并存。因此，教育工作者需要更好地理解和应用文化的力量，培养具备全球视野和跨文化能力的现代公民。面对现代教育中的应试化、功利化倾向，文化育人提供了一种更加全面的教育方式。它强调通过文化氛围的渗透培养人文素养、社会责任感和道德意识，抵制单一的知识传授和分数导向的教育模式。

一、历史维度

文化育人从古至今都在发挥作用。儒家、道家、佛教、基督教等思想体系，以及古希腊的哲学家如柏拉图、亚里士多德等，都提出了通过文化塑造人类品格的思想。在现代，文化育人仍继续通过教育体系、媒体和公共文化生活影响人们的行为和思想。

---

① 孙云. 职业教育文化育人的价值探寻与实践路径[J]. 黑龙江教师发展学院学报, 2024, 43(7): 85-88.

中国是一个历史悠久的国家，其文化育人的理念和实践有着深厚的历史根基与独特的发展轨迹。中国古代文化育人的理念以儒家思想为核心，强调"文以载道，道以化人"。儒家思想中的仁、义、礼、智、信等价值观，对个体的道德品质和人格魅力的塑造起到了重要作用，是社会发展历程中积累的精髓，蕴含着深厚的伦理智慧和中华民族深层的精神追求[①]。

中国古代文化育人的相关理论可追溯至先秦时期。春秋战国时，儒家思想开始萌芽，孔子所倡导的"仁爱""礼""中庸"等观念，逐渐成为文化育人的核心。随着秦朝的统一，国家开始推崇法制教育，强调法律知识的学习和法律法规的遵守。到了汉朝，儒家思想得到了进一步发展，太学等教育机构的建立为培养官员和知识分子提供了平台。进入魏晋南北朝，文化育人开始多样化发展，玄学和佛教的兴起为文化育人注入了新的活力，与此同时士族文化和家族教育也开始兴盛，丰富了文化育人的内在意蕴。隋唐时期，中国的文化教育达到了新的高峰，科举制度的创立不仅为普通人提供了向上流动的途径，也促进了文化知识的普及和教育的规范化。宋朝在此基础上进一步完善了科举制度，更加注重文人的道德修养和文化素养。到了元朝，由于民族融合，文化育人开始吸收各民族的多元文化。明清时期，科举制度虽然达到了顶峰，但也暴露出了一些问题，如过分强调应试教育。

近现代随着西方文化的传入，中国开始接受现代科学和民主思想，文化育人开始融入新的内容，新文化运动和五四运动推动了文化育人的现代化进程。中华人民共和国成立后，文化育人强调社会主义核心价值观的培养，注重爱国主义、集体主义、社会主义教育。改革开放以来，中国的文化育人更加注重创新能力和实践能力的培养，同时吸收世界各国的优秀文化成果，推动了教育的国际化。

当代中国，教育的全面发展被反复强调，这不仅包括学习书本上的知识，还包括培养良好的道德品质、锻炼体魄、欣赏美的事物，以及认识劳动的价值。从孩子们的启蒙教育到大学生的高等教育，从传统的课堂讲授到现代的高科技教学手段，不同的教育阶段和教育手段都在共同发展、共同进步。近年来，许多地区基于当地独特的文化传统，发展出了不同的文化教育方式。例如，京剧、剪纸、陶艺等传统艺术，不仅让学生有机会了解本地的文化特色，更是鼓励他们去传承和发扬这些宝贵的文化遗产。以"文"为

① 刘葳蕤. "孝老爱亲"中华传统美德的育人意蕴及实践策略[D]. 黄石: 湖北师范大学, 2024.

载体、"育"为途径、"人"为核心，构成文化育人体系的主要内涵①。

此外，文化育人的理论实践也应结合传统文化和现代教育思想，将社会主义核心价值观、中华优秀传统文化和习近平新时代中国特色社会主义思想有机地结合在一起，以时代之名焕发不一样的光彩。文化育人的重要任务之一是传播和培养社会主义核心价值观，增强人民的文化自信和国家认同；提倡通过弘扬和传承优秀的中华传统文化，增强文化自觉和文化自信，培养新时期的中国公民；习近平总书记在教育工作的系列讲话中多次强调"以文化人以文育人"，通过教育和文化引领，培养德、智、体、美、劳全面发展的社会主义建设者和接班人。

二、地域差异

山脉、沙漠、海洋等自然屏障形成的地理隔离，往往会导致不同地区的人群相对独立发展，从而形成独特的地域文化特征。此外，不同的地理环境提供的资源不同，直接影响了当地居民的生活方式、经济活动和社会结构，也塑造了不同的文化。地理隔离限制了人群之间的交流，减少了文化元素的交换和融合，使得文化保持了更多的本土特色，从而造成了文化育人相关理论的地域差异。

文化育人的地域差异是指在不同地区的文化背景下，人们对教育的目的、方法和价值观有着不同的理解。例如，儒家文化强调孝道、礼仪和社会秩序，注重道德修养和社会责任感的培养，社会主义核心价值观的教育往往通过学习中国传统经典，结合儒家思想中的德育方式，将核心价值观内化为个人品德和修养。而在民族地区，由于文化背景的特殊性，教育的目的和方法也有所不同。例如，民族地区乡村儿童的价值观教育不仅强调中华民族共同体意识，还注重塑造儿童的少数民族文化价值观和社会价值观，体现了对多元文化的尊重和融合，同时也反映了地域文化对教育内容和方法的深刻影响。

不同文化的独特性和多样性是人类文明的宝贵财富，在全球化的今天，我们应当尊重和欣赏每一种文化的特点，促进文化交流和互鉴，共同推动人类社会的进步和发展。在非洲社会，教育常常通过讲故事、唱歌谣等方式向人们传授知识和价值观，其中资源共享和集体责任是最为重要的教育理念。东西方文化在育人理念上各有不同：东方文化多强调集体主义、道德修养和社会责任，而西方文化则更注重个人主义、自由与理性。

---

① 赵雪莹. 新时代文化育人的内涵与实践探究[J]. 世纪桥, 2024(7): 103-105.

这种差异不仅表现在教育内容上，还体现在教育方法和文化环境的塑造中。例如，儒家文化强调"修身齐家治国平天下"，而西方启蒙思想则推崇个人自由、批判精神和理性思维。拉丁美洲文化以其热情和对艺术的热爱而闻名，教育中常鼓励创造性和情感表达，但由于拉丁美洲历史上曾出现社会不平等现象，社会正义和机会平等也在教育中被反复强调。传统和宗教是中东国家的文化教育核心，如伊斯兰教的宗教教义和道德规范，以及传统观念中对长辈的尊重，在教育中均占有重要地位。文化的多样性和宗教性对南亚人民的日常生活有着重要影响，在南亚文化的教育中，对不同宗教和语言群体的尊重常被强调。高福利和平等主义社会政策是北欧国家的标志，受此影响，北欧国家在教育中常常提及机会平等和社会包容，鼓励终身学习，并提供多样化的学习途径和灵活的学习时间。在澳大利亚和新西兰，土著文化和多元文化对教育都有着深远的影响，土著文化强调对自然环境的尊重和保护，而多元文化则鼓励不同文化之间的交流和理解。

文化育人的地域差异主要体现在文化背景、历史传统、社会结构、教育理念等多个层面。不同的国家和地区因其独特的历史发展、地理环境和社会形态，形成了不同的文化育人模式和教育价值观。文化育人的地域差异不仅体现在文化背景和宗教信仰的不同等方面，还与各地区的历史、政治和社会发展密切相关。不同国家和地区根据各自的文化传统与现代化需求，发展出了各具特色的文化育人模式。随着全球化的不断深入，文化育人的地域差异与全球文化交流的融合并存，各地在保留文化独特性的同时，不断借鉴他者，形成多元共生的文化育人局面。

三、文化交流

随着全球化的深入发展，文化育人的视野逐渐扩展到全球文化交流与融合的层面。现代教育体系需要考虑如何在全球化背景下培养具有全球视野、跨文化交际能力的现代公民，平衡本土文化与全球文化的关系。

从古至今，文化交流都是文化育人发展过程中一个不可忽视的方面。古希腊哲学家柏拉图、亚里士多德的思想对古罗马的法律、政治和教育产生了深远影响，古罗马吸收并发展了古希腊的教育理念和文化传统。文艺复兴时期，欧洲通过重新发现和翻译古希腊、古罗马的文化遗产，与基督教的宗教教义相结合，形成了新的教育理念和学术传统，推动了教育的现代化。在中国，佛教的传入对儒家思想产生了深远影响，促进了中国文化与印度、中亚和东南亚文化的交流与融合。

在全球化的今天，文化发展需要具有国际视野，通过国际交流和合作来促进文化的交流与融合。全球化加速了文化交流的进程，各国教育体系相互借鉴，跨文化交流更加频繁。通过历史角度分析文化育人中的文化交流，可以看到不同文化间的相互渗透和借鉴，这种文化交流不仅促进了教育的进步与发展，也丰富了全球教育的多样性与包容性。综上所述，从文化诞生之初，文化交流就随着文化的发展而不断发展，它在完善自己的同时反哺于文化，使文化育人的理论不断丰盈。历史的车轮滚滚向前，文化的发展也一刻不能停歇，在传承本国优秀传统文化的同时，有选择性地融合其他不同文化，能够更好地适应不断变化的社会和时代需求。

四、学科交叉

19 世纪英国作家查尔斯·狄更斯的小说《雾都孤儿》描绘了工业革命时期伦敦的社会景观和阶级分化，通过小说角色的生活体验展示了当时社会文化的方方面面。文艺复兴时期的画家如达·芬奇和米开朗基罗，他们的作品不仅反映了当时的宗教和政治氛围，还展示了人类形态与自然之间的关系，深刻地影响了当时欧洲的文化和教育。古希腊哲学家亚里士多德的思想与中世纪基督教神学的交叉影响，如他的逻辑学和形而上学对基督教教义的理解和发展产生了深远影响。美国民权运动时期的音乐如《自由之声》，反映了当时社会对种族平等和社会正义的追求，通过音乐的形式影响了当时年轻一代的思想和行动。

宽容、多样性、多元化、社会正义和平等权利是文化育人的核心要素。[1]文化育人是一个多学科交叉的领域，它涉及教育学、心理学、社会学、人类学、哲学、艺术学等多个学科。学科交叉为文化育人提供了丰富的视角和方法，使得教育不仅是知识的传授，更是价值观、思维方式和生活技能的综合培养。文化育人的发展需要跨学科整合，将不同学科的知识和方法结合起来，形成综合性的文化发展策略。

这种多学科融合推动了文化育人的创新性，使得教育不仅在知识传递上具备多维性，还能够在现代教育中培养学生的综合素质、跨文化理解能力及批判性思维。这有助于学生在全球化与数字化日益复杂的社会与文化环境中，更好地适应并发展。通过学科交叉，文化教育成为创新育人的重要推动力，为更广度和深度的文化教育理念与实践提供了基

---

① Matusov E . Many faces of the concept of culture(and education)[J]. Culture & Psychology, 2017, 23(3): 309-336.

础，同时也为学生提供了更加全面、丰富的多维文化体验。这种多领域的交汇不仅促进了知识的整合，更在培养具有全球视野的人才方面发挥了重要作用。

从历史维度纵观文化育人的理论发展，在古代文明中，无论是古希腊、古罗马还是中国，教育的重心都放在了文化价值观念、宗教信仰和社会规范的传递上。此后随着时代的发展，文化育人的内容也在不断更新，以旧内容为基础，推陈出新，更新完善出新的育人理论。同时，以地域差异横向比较文化育人的不同之处，世界各地的教育体系无论是在教学内容、所推崇的价值观上，还是教育的目标上，都各有千秋。在东方，人们更看重礼仪、家庭的和谐以及对长辈的尊敬；而在西方，个人主义、追求自由和独立思考则更受推崇。

文化发展是一个动态的、不断演变的过程，它需要不断地吸收新元素，在不同的文化思想中相互碰撞、融合，不断创新以适应时代的变化。文化发展需要保持开放的态度，主动接受并吸收来自不同文化背景下的新思想、新知识和新技术。随着文化育人相关理论的发展，跨学科融合已经成为一种文化潮流，历史、文学、艺术、哲学等不同领域的知识交织在一起，不仅丰富了文化育人的理论革新，更促进了教育方式的升级优化。

文化育人的理论发展不是静态的，而是在与环境的互动中不断更新和完善的。在如今全球化的背景下，我们应该培养学生的跨文化学习能力，传承地域文化，在学习古代文化的同时鼓励创新，使其能够在不同文化环境中有效交流合作，在新的时代背景下持续发展。

第二章
竹文化的历史渊源与现代特质

第一节　竹的历史沿革与文化地位

竹，作为中国本土植物，从很早以前就被我们的祖先使用，最早的竹子使用记录可以追溯到距今 6000 年左右的仰韶文化时期。1953 年在西安半坡村发掘的仰韶文化遗址中，出土的陶器上有可以辨认出的"竹"字符号，这些书于竹片之上的文字承载着中华文明的记忆，穿越几千年而来印证了中国认识、研究、利用竹的悠久历史[①]。

"宁可食无肉，不可居无竹。"没有哪一种植物像竹子一样对人类文明产生如此深远的影响。竹子在中国的历史沿革中不仅是一种重要的自然资源，也是中华传统文化的重要组成部分，其影响贯穿了中国几千年的历史。从古至今，文人墨客常以竹作题、作喻，创作与竹有关的诗歌书画；众多才华横溢的造园师将竹巧妙地放入园林建设中；劳动人民利用竹的各种特点制作各种实用的竹制品在生活中应用。竹文化在中国的物质文明和精神文明中都发挥了重要作用，既体现在日常生活和产业发展中，也深刻影响了中国人的精神世界和审美观念。

竹文化是中国劳动人民在长期生产、实践活动中，将竹的形态属性特点与人文生活相结合的文化产物，在历史文化的传承发展过程中有着不可替代的精神象征价值。竹文化自始至终伴随着中国的主流文化，并随传统文化演绎发展为两个阶段：以竹为主的竹器造物思维阶段和以竹喻人的象喻思维阶段[②]。

① 何思琦. 书于竹木托载千年[N]. 人民日报, 2024-07-21(7).
② 李泰霖, 姜星伊, 褚兴彪. 先秦至两汉时期竹文化生成略考[J]. 竹子学报, 2023, 42(4): 81-92.

一、竹文化的历史起源

（一）历史进程中的竹

竹文化在中国历史进程中有着悠久的历史和丰富的表现，在不同时期有其独特的表现形式和文化内涵。近年来，国内对于竹文化研究侧重于"宏观背景研究""个案研究""比较研究"三个方面，其中以中国各朝代（如先秦、两汉和唐宋时期等）竹文化历史与中国各少数民族（壮族、傣族、侗族、苗族、布依族和哈尼族等）竹民俗（崇拜）文化研究居多。也有部分学者主张按地域（省级行政区）划分，进行山东、浙江、四川、广西和云南等竹文化研究。可以把中国竹文化视为一个由众多具有差异性的竹文化个体单元所构成的"文化集合体"，并以中国竹文化为宏观历史背景做研究主线，这也是当前中国竹文化的主要研究逻辑[①]。

1. 先秦时期

在商代，竹子已被用作竹简，即将字写在削制成的狭长竹片上，用绳编连成册，汉字"册"即由此而来。竹简记载了众多宝贵的前人著作，是造纸术发明之前以及纸张普及之前主要的书写工具，在春秋、战国和秦汉时期被普遍应用。春秋战国时期，竹器手工业发达，竹器制品如炊具、容器、家具等种类繁多，广泛应用于民众生活中，与民众生活密不可分。

与此同时，竹诗词开始萌芽，竹子作为文学的题材出现在《诗经》中。这个时期的竹文化体现了人们对竹子不畏严寒、四季不凋的特性的赞誉和歌颂。

2. 秦汉时期

在这个时期，竹子的应用领域得到了极大的扩展。它们被普遍应用在服饰、日常生活器具、建筑、交通等方面，为当时社会的发展和进步做出了重要贡献。这一时期的竹简文献丰富，包含大量政府文书、文人著述以及法律条文等，如《云梦睡虎地秦简》《居延汉简》《张家山汉简》等，这些竹简为我们了解秦汉时期的历史、法律、文化等提供了宝贵的资料。

同时，这一时期人们对竹子的文化象征意义进行了深化和拓展。竹子被赋予了坚韧

---

① 李泰霖, 姜星伊, 褚兴彪. 先秦至两汉时期竹文化生成略考[J]. 竹子学报, 2023, 42(4): 81-92.

不拔、高洁清雅、节制等多种象征意义。这些象征意义不仅丰富了竹文化的内涵，也反映了当时社会对道德品质和精神追求的高度重视。

3．魏晋南北朝时期

魏晋南北朝时期是中国文学史上竹文学发展的关键时期，这一时期的竹文学作品更加多样化，涉及历史、政治、哲学、文学等多个领域。

文人士大夫推崇种竹养竹、咏竹画竹等追求风流雅致的行径，赋予竹"清风瘦骨""超然脱俗"的魏晋风度，多为对竹自然风采的礼赞，表现了对大自然的崇敬和向往。随着文人士大夫对自然山水园的追求，竹子被广泛应用于园林造景中，成为造园艺术的重要元素，皇家园林和私家园林中的竹子造景得到了进一步的发展。

竹子逐渐成为物质文明与精神文化的结合体，逐渐形成文化符号。竹与松、梅并称为"岁寒三友"，与梅、兰、菊并称为"四君子"，这些都反映了竹子在中国传统文化中的重要地位。

4．唐宋时期

唐宋文人继承了魏晋士大夫对竹的喜爱，进一步地挖掘了竹的内涵美，竹子的某些特点（如虚心、有节、根固、顶风傲雪等）被引入社会伦理范畴，最终演化成为封建阶级文人思想意识中君子的化身。唐宋时期咏竹诗空前繁荣，达到了鼎盛状态。例如，杜甫的《苦竹》、白居易的《养竹记》等作品。宋代咏竹诗以理趣为特征，如苏轼的《霜筼亭》。宋代画家文同开创了"湖州竹派"，墨竹成为绘画中的常见题材。在增加了对竹内涵美的深入挖掘的同时，文学创作的繁荣、艺术形式的多样化以及社会伦理与审美的结合，使得唐宋时期的竹文化更加丰富和深刻，对后世产生了深远的影响。

唐宋时期的竹工艺也有所发展，竹编工艺和竹刻工艺更加精细和多样化。在园林造景中，竹子与水体、山石、园墙建筑等景观元素组合，形成了独特的造景手法。

5．元明清时期

相较于唐宋时期，元明清时期的竹文化更加普及和深入人心。此时不仅是文人雅士对竹喜爱和推崇，普通民众对竹文化也有了很普遍的接受和认同，竹文化逐渐成为一种社会性的文化现象。

在此时期，竹子造景成为江南园林的一大特色，如苏州的拙政园、沧浪亭、狮子林以及扬州的个园等园林中的竹子造景都很深化和精细化，在空间和意境的营造上起到极其重要的作用。

（二）古代文献中的竹

春秋以前，竹子在文献中的记载极少。先秦时期录载于《吴越春秋·卷九·勾践阴谋外传》的在远古时期的歌谣《弹歌》中提及"断竹，续竹；飞土，逐宍"，简单又不失生动地描述了古人狩猎的全过程，这里的竹子是人们打猎时所用的工具，记载了竹子在物质层面的早期利用。后来，竹子在《诗经》和《楚辞》中密集出现，如《诗经·卫风·淇奥》中的"瞻彼淇奥，绿竹猗猗"等句，通过描绘修竹之茂盛青翠，赞美人的品德。屈原在《楚辞》中也用竹林来体现生存之困境。追溯竹在中国文化中的早期记载，竹文化的萌芽已悄然生长。

魏晋南北朝和唐宋时期的文人士大夫对竹的赞美逐渐从对自然美的赞叹到与人的品格相结合，君子以竹的众多"美好品德"要求自身，创作了无数精彩绝伦的竹诗、竹画以及竹林造景。这段时期涌现出众多杰出的作品和艺术家，竹文化达到了相当的艺术高度，如苏轼《于潜僧绿筠轩》中的"宁可食无肉，不可居无竹"；郑板桥的《竹石》："咬定青山不放松，立根原在破岩中。千磨万击还坚劲，任尔东西南北风。"文人看似写竹、画竹、赞美竹，实际上表达了自身的高尚追求，以竹喻人，在展现竹子的自然之美和人文内涵的同时，也反映了不同历史时期文人士大夫的审美追求和精神寄托。

（三）生活工艺中的竹

竹子因其生长迅速、适应性强、易于大规模种植和收获，材质轻、柔韧且强度高等优良特点，一直是我国制作各种生活用品、建筑材料的优良用材。

1．竹建筑

我国的竹建筑多位于云南、贵州、广西等少数民族聚居地，傣族竹楼、苗族吊脚楼等竹楼是竹建筑的典型代表。江南园林中常用竹材建造桥梁和步道，或与其他木材一起使用，形成了独特的木结构体系。

在我国台湾南部地区，人们多采用当地产的孟宗竹、刺竹或麻竹作为建筑的主体结构以应对多地震的现实情况，这种建筑当地居民称之为"竹厝"（或"竹管厝"）[①]。

---

① 李佩佳. 原竹建筑建构研究[D]. 昆明: 昆明理工大学, 2022.

2．竹编

竹编（图2-1）是一种传统的手工艺，历史悠久，有五六千年的历史，主要是将山上的毛竹剖劈成篾片或篾丝，并编织成各种用具和工艺品。我国智慧的劳动人民利用竹子的柔韧性和强度，通过切割、编织等手法将竹子制作成各种生活用品和装饰品。竹编工艺一直广泛应用于我们的日常生活中，如竹筐、竹篮、竹席、竹床、竹凳、竹椅、竹躺椅等。竹编技法多样，包括编织、车花、拼花、穿珠、翻簧等。编织是用竹丝、篾片以挑和压的方法构成经纬交织；车花是将竹节车成一定形状和装饰；拼花是利用竹的表面或断面，拼成花型或器皿；穿珠是将竹节制成小段进行穿结；翻簧是利用竹簧加工制成各种器皿的方法。竹编技艺的传承方式多以世代相传或以作坊依托的师徒关系进行。学徒学成后自立门户，再招徒弟，口传身教，使得这一技艺得以代代相传。现代社会，竹编技艺得到了创新和发展。一些竹编艺术家将传统技艺与现代设计理念相结合，创作出许多具有独特风格和时代感的竹编艺术品。在现代社会，我们应该积极保护和传承这一非物质文化遗产，让更多的人了解和喜爱竹编技艺。

图2-1　竹屏风制品（摄于浙江农林大学竹韵棠）

3．竹简

竹简（图 2-2）是先秦至魏晋时代的主要书写材料，通常选用生长期三年以上，枝干挺直、质地细密便于修治，且长短合适便于阅读和书写的竹子，将其削制成狭长竹片，多张竹片用绳子编联起来，形成册，这种形式也称为"简牍"。竹简的使用对中国古代文化的传播和保存起到了至关重要的作用。竹简的制作过程包括裁切、煮沸（杀青）、烘干、刮青、书写、钻孔和编联等步骤，在书写完成后进行钻孔，以便用绳子串联起来。

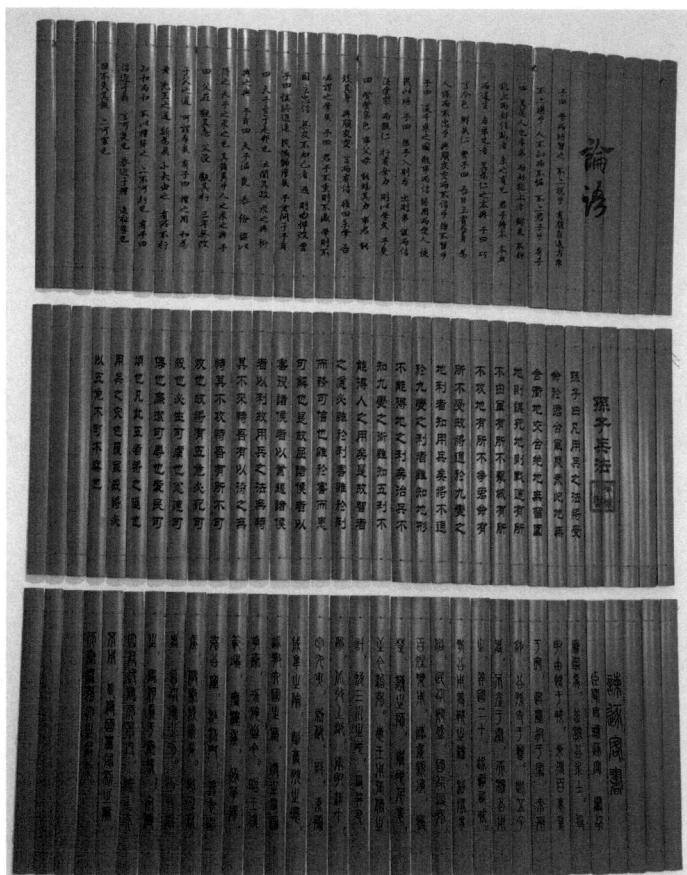

图 2-2　竹简（摄于浙江农林大学竹韵棠）

4．竹雕

竹雕（图 2-3），又名竹刻，是一种在竹制物品上雕刻多种装饰图案与文字的艺术，或是利用竹根雕刻各式观赏摆件的工艺。中国竹雕艺术源远流长，早在商朝以前就已出现。作为一种正式的作品，竹雕在西周时已经形成，战国时期受漆雕艺术影响，竹器制作也萌生了艺术化的倾向。竹雕成为一种艺术，自六朝始，直至唐代才逐渐为人们所识，并受到喜爱。宋代竹雕业已初露头角，明清时期达到鼎盛，出现百花争艳的景象。这一时期雕刻技艺的精进超越了前代，在中国工艺美术史上独树一帜，形成了一道独特的风景线。中国竹雕的基本流派有注重线条流畅与形态生动的金陵派竹雕，擅长表现文人情趣的嘉定派竹雕，保留竹子表面青皮进行雕刻的留青竹刻，强调自然与人工和谐结合的竹节雕，如琥珀般的竹簧工艺，展现了竹雕艺术的立体美和空间感的立体圆雕等。

图 2-3　竹雕（摄于浙江农林大学竹韵棠）

竹雕善于应用竹材不同层面的质差和色泽变化，表现雕刻层次。竹刻工艺品随着年代的久远，竹材的皮层干透后变得色浅，接近白色；而竹肉表层纤维紧密，色深，细腻晶莹，越往里纤维越少而且变粗。年代越久远，竹肉表层色泽会越来越深，如琥珀般呈棕红色，与竹皮、竹肉里层的色差越发明显，达到宝光灿灿、滋润无比。竹雕造型独特，多见弧形的臂搁和筒形的笔筒，这是由于竹材呈筒形，由竹节连接而成，这一特定的形态形成了竹刻制品以弧形板条状和筒形为主的造型特点。常见的题材有寓意发财的金蟾、多子多福的莲蓬以及瑞兽等。

5. 竹制乐器

因竹子中空有节、生长普遍，以竹子为主要制作材料的竹制乐器种类繁多，分布广泛，是具有独特的中国气质和文化内涵的一类乐器（图2-4）。例如，"笛""箫""笙""竽"等吹管乐器，弹拨乐器如箜篌，击弦乐器如筑，打击乐器如简板，少数民族乐器如苗族的芦笙、侗族的侗笛、彝族的直箫等。竹制乐器具有三大特点：取材于山林，声音质朴纯真、丰富多样，适合表现自然生活；音色独特，不同的竹制乐器具有不同的音色和表现力，如箫的柔和委婉、笛的清脆悠扬等；文化内涵丰富，竹制乐器在中国传统文化中占有重要地位，是中华民族智慧的结晶和文化遗产的重要组成部分。竹制乐器不仅在音乐领域发挥着重要作用，还承载着丰富多彩的文化内涵和历史传统，如形似笙而较大的竽，战国前盛行，成语"滥竽充数"中的"竽"即指此乐器。许多竹制乐器的名称和传说都体现了中国古代社会的一定生活习俗和哲学思想。

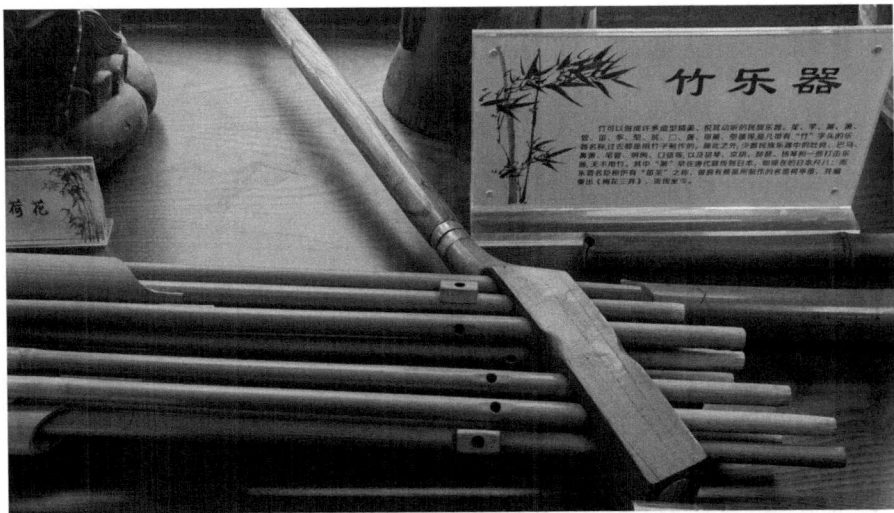

图2-4 竹乐器（摄于浙江农林大学竹韵棠）

（四）少数民族与竹

作为物质生活和精神世界的重要组成，竹子被少数民族的人们用来造纸、建筑房屋

和制作交通工具，部分民族的宗教信仰中也有着竹的影子。

竹纸，在云南地区又称"土纸"或"草纸"，本地彝族等少数民族多把这种纸张作为文书、古籍的制作材料。云南地区的少数民族如楚雄彝族自治州禄丰市恐龙山镇九渡村彝族和文山壮族苗族自治州广南县坝美镇者卡村壮族，各有不同的竹纸制作工艺。这些粗糙的纸张书写了彝文经书，记录了彝族、壮族的祭祀活动，但在人们的自然选择之下，竹纸逐渐被淘汰。目前，云南地区手工竹纸制造业已逐渐消亡，人们也不再使用这种竹纸来书写记录。对于现在保存下来的，用其作为记录载体的档案，人们应该格外重视，加强对其的保护。

巨龙竹为云南特有竹种，是目前发现最粗的竹子，享有"竹王"的美誉，具有生长速度快、成材周期短、力学性能优异、造价低等优点。佤族人民用巨龙竹建盖竹楼，这些竹楼不仅坚固耐用，还体现了独特的民族建筑风格。

竹子在许多少数民族中被视为图腾，代表着祖先和保护神。例如，彝族、傣族、景颇族等少数民族都视竹子为本民族源出的植物或搭救其祖先性命之物，将竹子作为本民族的祖先和保护神进行祭祀。这种图腾崇拜体现了少数民族对竹子的敬畏和依赖。

在少数民族的宗教信仰中，竹子也扮演着重要角色。例如，苗族中的花苗、红苗和黑苗支系分别自称"仡蒙""仡熊"和"仡佬"，都有竹族的含义。他们认为竹子是神的化身，芦笙所发出的声音就是竹神的声音。此外，彝族认为竹子既是生命之源，又是生命的归宿，故相信竹子能够尽快使死者的灵魂回归到祖宗灵魂的归宿地，进而投胎转世。

二、竹文化在中国文化中的象征意义

中国的文人墨客对竹子有着特殊的情感，竹子在中华传统文化中被赋予了丰富的象征意义。竹子以其空心而有节的特性，被视为虚怀若谷、高风亮节的象征，常与君子的品质联系在一起。文人墨客通过诗词、书画等形式表达了对竹子的喜爱和赞美，竹子成为他们抒发个人情感、寄托高远志向的媒介。例如，宋代大文豪苏轼的名言"宁可食无肉，不可居无竹；无肉令人瘦，无竹令人俗"深刻地表达了他对竹子的深厚情感，并揭示了竹子在提升人的精神境界、避免世俗纷扰方面的重要作用；清代画家郑板桥更是以竹为友，他的画作和诗句中的竹子不仅是自然之景的再现，更是其内心世界与人格理想的写照。

竹子的这些特质使得它成为中国文化中的一个重要元素，被广泛赞颂和描绘。文人墨客通过竹子来标榜君子的人格修养，反映出古代文人追求君子般的高尚品德。在中国文学和艺术中，竹子的形象无处不在，它的清雅、坚韧和顽强的生命力成为中华传统文化中不可或缺的一部分。

（一）竹与君子品格

在中华传统文化中，竹子被赋予了极高的文化地位，被视为"四君子"之一。竹干挺拔修长，有着四季青翠、傲雪凌霜的特点，自"超然脱俗"的魏晋风度起，便与文人墨客结下了不解之缘，至"君子如竹"的唐宋风骨，更是将其推崇至精神图腾的高度，为历代文人所赞叹与自喻。文人视竹为君子的化身，不仅因其外在之挺拔俊秀，更在于其内在之品德高洁：赞叹其虽有竹节，却不止步的奋进；外直中空，虚怀若谷的胸襟；苦节自珍，雨过无尘的坚守。君子应如竹，内心空灵，虚怀若谷，能容纳百川，从不自满。竹子的节节分明，代表了君子的有节制，行事有度，不逾矩。于是，文人在庭院中种竹、赏竹、与竹为邻，在竹影婆娑、墨香四溢中研习治国齐家之道、锤炼君子之德，君子与竹，共同构成了中国传统文化中一道独特的风景线。竹，不仅成为文人生活的一部分，更成为他们精神世界的寄托与追求。

（二）竹与坚韧不拔

竹于沃土之中汲取甘露，沐浴阳光，在适宜的环境下，它们以惊人的速度拔节而上升，一般高5～10米，有的可达40多米，展现出一种不屈不挠、向上攀登的壮志豪情。生于峭壁，立于风雨，不改其志，不折其节。春雷一响，破土而出，不畏艰难，直指云霄。竹在如此高度下身形依然挺直，宁折不弯，大有顶天立地之感；傲骨铮铮，恰似世间君子之风，而又不畏严寒酷暑，不畏风霜雪欺，不以物喜，不以己悲，有着咬定青山不放松的韧性与执着。这种坚韧，不仅体现在自然界的生存斗争中，更是人类精神的写照。君子傲风骨，坚韧而不拔，竹的精神深深激励着无数文人墨客以竹自喻，抒发胸中浩然之气，并以竹赞美那些在逆境中依然坚守信念、勇往直前的英雄人物。

（三）竹与清廉自持

在竹子的生长过程中，虽然前四年表面上看似没有太大的变化，但实际上它在默默地积蓄力量，为第五年的快速生长打下基础。正如清廉自持的人注重自身的修养和积累，不断打牢自己的思想基础和道德根基，等待厚积薄发的机会。竹子在生长过程中经历了无数的风雨和挫折，但它始终保持着坚韧不拔的姿态，默默生长。不与群芳争艳，不慕虚荣，独自在山林间挺立，象征着君子的清高和淡泊。君子应如竹，不为世俗名利所累，保持内心的纯净和高尚。我们要学习并具备这种精神，有气节，不为外物所动，面对各种诱惑和挑战时能够坚守自己的原则和底线。竹子虽然生长在山野之间，但它无私地奉献着自己的价值。清廉自持的人同样需要具备这种情怀，胸怀宽广、虚怀若谷，将人民的利益放在首位，为人民的幸福和安康贡献自己的力量。

竹子的这些品格不仅是文人墨客对君子的赞美，也是其对自身的无限期许。

三、竹文化的哲学基础与审美特征

（一）竹与儒家伦理

儒家强调中庸之道、和谐和个人品德的修养。竹子因其独特的自然属性和美学特征，与儒家提倡的道德品质紧密相连。

竹子的生长特性体现了中庸之道的哲学思想。竹子虽然笔直，但并不僵硬，它能够适应环境的恶劣变化，展现出柔韧与弹性，保持其挺拔的身姿。这种坚韧不拔的特征象征着儒家倡导的在坚持自身原则的同时保持灵活性，面对困难和挑战时不轻易放弃，正如竹子在风雨中依然屹立不倒。此外，竹子的高洁和四季常青象征着君子的高洁品质和不随世俗变迁的坚定立场。

儒家的众多著作中都有竹的身影，不限于文学作品、诗词、绘画等形式，儒家不仅赞美了竹子的自然美，更重要的是利用竹子的象征意义来教化人心，培养和弘扬儒家所倡导的道德品质。例如，在《论语·子路》篇中孔子曰："括而羽之，镞而砺之，其入不亦深乎？"这里孔子用竹子的特性来比喻学习和修养，强调即使天赋异禀，也需要不断学习和锻炼才能达到更高的境界。

（二）竹与禅宗美学

禅宗美学是指在佛教禅宗影响下产生和发展的美学思想，是中国美学史基本派别之一，强调"境缘无好丑，好丑起于心；心若不强名，妄情从何起"的美学观。这种美学观强调内心的平和与超越，追求自然、内在与超越的精神境界。

禅宗思想以心性论为基点，通过心性修持获得心性升华。竹子因其"虚心"的特性，常被视为心性修持的象征。例如，唐代白居易的《池上竹下作》中"水能性淡为吾友，竹解心虚即我师"，便体现了竹与心性修持的紧密联系。

禅宗美学追求超越现实的精神境界，而竹子所营造的清新雅致、幽静深远的氛围，与禅宗所追求的禅境不谋而合。在禅宗园林中，竹子常被用来营造禅境，使人在其中感受到内心的宁静与平和。自唐代起，禅宗思想盛行，许多文人士大夫将诗歌与禅宗思想紧密联系起来，创作出大量以竹为主题的禅诗。这些禅诗不仅表达了文人对竹子的喜爱之情，更蕴含了深厚的禅理和禅趣，如宋代王安石的《钟山即事》中"涧水无声绕竹流，竹西花草弄春柔"，便以竹子为媒介，展现了禅宗的宁静与和谐之美。

竹子以其独特的文化内涵和美学特征，成为禅宗美学中不可或缺的元素之一，同时禅宗美学还通过竹子的象征意义、禅境与竹境的融合以及禅诗与竹诗的交融等方式，进一步丰富了竹子的文化内涵和美学价值。

（三）竹与道家思想

道家认为，万物皆应遵循自然的法则而运行，不应强加人为的干预，强调自然无为、顺应天道。需要注意的是，道家哲学中的"无为"并非无所作为，而是指不违背自然规律的行为方式。竹子不强求生长条件，适应各种环境，展现出其顺应天道的智慧。这种不与自然争锋的特性，与道家提倡的无为而治的思想相吻合。

竹子作为一种天然植物，其生命结构和运动机制与道家所追求的"道—气"理论相契合。故而在道家的哲学视界中，"竹"被视为"道"的物化象征和符号载体。先秦时期，老子用"橐龠"（古代鼓风吹火器和竹管吹火器）来比拟"道"的生命结构及运动形式，揭示了"虚而不屈，动而愈出"的生命状态。南宋道士范应元进一步阐释说："天地之间，虚通而已，亦如竹管之接气，通而不曲也，气来则通，气往则不积。"这种"中虚圆通"的理念，正是道家生命哲学内涵的体现，也是竹子生命结构的真实写照。

竹子不仅是哲学象征，还被广泛应用于日常生活和宗教文化中。例如，竹笛等乐器在道家的音乐冥想和仪式中扮演着重要角色。竹子的药用价值也被道家重视，竹叶、竹汁、竹沥等均被用于医药和养生。

竹文学植根于丰富的竹资源与竹制品所构成的物质文化土壤之中，加之咏竹文学的精神文化土壤，它不仅加深了历史上各朝代在工艺技术方面的积累，还深化了人们对竹

子的深层次理解。受各朝代主流思潮及文化环境的熏陶，竹文学的发展路径一直结合时代背景不断前行。百家思想交融又各有特点，早在先秦时期，儒家与道家思想就有过并兴，尽管两者间存在差异性，却也相互补充，共同构成了"儒道交融"的文学底蕴。先秦至两汉的文学作品已初现咏竹诗的萌芽，具备了咏竹诗的基本框架。在诗歌、辞赋的丰富表达中，咏竹文学还遵循着"赋、比、兴"的文学审美规范，常将竹作为人格化或事件象征的载体，实现了从"自然竹"向"人文竹"的转化。此外，咏竹文学更多的是借助竹来抒发情感、表达志向，而非单纯叙述故事，它成为情感寄托的媒介和表现符号，与中华民族传统的审美趣味相契合。

综上所述，竹文化在人类社会生活的长期演变中，是通过对竹资源的开发利用并与当时主流思想文化的交融而不断发展的。因此，竹文化并非孤立存在，而是依托其他文化的发展而不断壮大，成为一种精神文明。历史进程中的竹林资源、竹制品及咏竹文学，正是这一精神文明形成的初步形态，其文化内核始终围绕着"竹、人、事"这一核心展开，并在后世的传承中持续深化。

第二节　竹的自然属性与人文精神

一、竹的生态特性

竹是一种非常独特的植物，它在自然界以及人类社会中都具有重要的地位。竹以其快速的生长速度、独特的结构和多功能性在自然界中占有一席之地，不仅能够为多种生物提供自然栖息地，还有利于保持水土以及维持生物多样性。

（一）竹的生长特性

竹属于植物界中的被子植物门、单子叶植物纲、禾本科、多年生的草本植物，多分布于热带、亚热带至温暖地带。竹茎大多是木质茎，少数为草质，中空，有密而多的节；竹叶呈狭披针形，成熟竹叶面多为深绿色，竹身通体为碧绿色；竹花像稻穗，主色为黄色；花期一般是 5 月，果期 10 月。竹的快速生长能力使其能够与其他树木竞争，从而适应森林环境形成茂密的竹林。这种快速生长不仅有助于竹自身的生存和繁衍，也为其他生物提供了丰富的资源和栖息地。竹的生长周期短，繁殖方式包括无性繁殖和有性繁殖。

无性繁殖通过地下茎进行，地下茎向下延伸形成新笋，新笋又长高为新的竹竿；有性繁殖则通过开花和产生种子来实现，竹的开花周期很长，通常几十年甚至上百年，因此有性繁殖并不常见。

（二）环境适应性

竹，犹如大自然中顽强的勇士，在环境适应性方面展现出令人惊叹的能力。在热带雨林这片充满生机与竞争的土地上，竹以其挺拔的身姿傲然屹立于繁茂的植被之中。它努力向上伸展，争夺着阳光的照耀，展现出强烈的生存欲望和蓬勃的生命力。那翠绿的竹竿如同坚定的卫士，在湿热的环境中坚守着自己的一方天地。而在寒冷的高山地区，竹同样毫不畏惧。尽管面临着严寒的侵袭和恶劣的气候条件，它依然能够傲然挺立。无论是凛冽的寒风还是厚厚的积雪，都无法压垮竹的坚韧。它以顽强的意志对抗着大自然的挑战，成为高山上一道独特的风景。

无论是酸性土壤还是碱性土壤，竹都能巧妙地找到生长的立足之地。它不挑剔环境，凭借着自身强大的适应能力，在各种土壤条件下扎根生长。竹的高效光合作用机制更是大自然的杰作。它如同绿色的能量转换器，将太阳能充分吸收，并高效地转化为自身生长的动力。在阳光的照耀下，竹的叶子尽情地进行光合作用，为自身的生长提供源源不断的能量。而在干旱条件下，竹又展现出了智慧的生存策略。它如同一位经验丰富的生存者，通过巧妙地减少蒸腾作用，最大限度地保留水分。竹的这种适应能力确保了自身在干旱环境中的生存与繁衍，为大地增添了一抹坚韧的绿色。它不仅是大自然的奇迹，更是生命顽强的象征。

（三）生态作用

竹在生态系统中扮演着至关重要的角色，发挥着多种多样的作用。首先，竹通过其发达的根系牢牢地锚定土壤，从而减少土壤侵蚀，保护土壤结构。它的根系如同细密的网络，深入土壤之中紧紧地抓住泥土，防止水土流失。当雨水冲刷大地时，竹能够有效地保护山坡和河岸，维护生态平衡。竹林还可以调节当地气候，提供阴凉和保持空气湿度。走进竹林，仿佛置身于一个清凉的世界。茂密的竹叶遮挡了阳光的直射，为其他生物创造了适宜的环境。在炎热的夏季，竹林成为动物们避暑的好去处；在干燥的季节，竹林又能增加空气湿度，改善局部气候条件。

此外，竹林作为一个重要的碳汇，在应对全球气候变化方面发挥着积极作用。它能够吸收和储存大量的二氧化碳，并将其转化为自身的生物质。通过这种方式，竹有助于减缓全球气候变化的速度，为环境改善带来正面影响。同时，竹林还为其他生物提供了食物和栖息地，从而有助于保护生物多样性。各种动物在竹林中觅食、栖息、繁衍，形成了一个丰富多彩的生态系统。

（四）竹的多样性

竹的多样性令人叹为观止。全世界有竹类植物 70 余属 1200 余种，竹林面积约为 2200 万公顷，分布在亚洲、南美洲、大洋洲、非洲等地。主要分布区域可分为亚太竹区、美洲竹区和非洲竹区，以及欧洲和北美引种区。中国作为"竹子王国"，更是拥有丰富的竹资源。截至 2022 年 6 月底，我国竹类植物 47 属 770 种 55 变种 251 栽培品种，约占世界竹种总数的 1/3，竹林面积为 600 多万公顷。我国的竹林面积、蓄积量、竹材产量均居世界之首。

不同种类的竹在形态、大小和生长习性上都有所不同。有的竹高大挺拔，直插云霄；有的竹矮小纤细，宛如小草。有的竹叶子宽大，有的竹叶子细长。这种多样性不仅丰富了生物多样性，也为人类提供了丰富的资源。例如，一些品种的竹因其坚韧的竹竿和柔韧的叶子而被广泛用于建筑和家具制造。这些竹材坚固耐用，具有良好的力学性能，能够承受较大的压力和重量。同时，竹制家具也以其天然的美感和环保的特点，受到越来越多人的喜爱。而其他竹因其美味的竹笋成为人们餐桌上的美味佳肴。竹笋鲜嫩可口、营养丰富，含有多种维生素和矿物质。无论是清炒、煮汤还是腌制，其都能为人们带来独特的口感和美味。此外，竹还在文化、艺术等领域发挥着重要作用。竹编工艺品、竹雕艺术品等都是中国传统文化的瑰宝，展现了人类的智慧和创造力。

（五）竹与人类的关系

竹与人类的关系源远流长且意义非凡。在人类发展的历史长河中，竹始终扮演着重要的角色。从建筑领域来看，坚固的竹屋曾为无数人遮风挡雨。在家具制作中，竹制家具以其天然的纹理和独特的质感，为家居环境增添了一份清新与雅致。编织工艺更是将竹的柔韧性发挥到极致，创造出精美的篮筐、席子等生活用品。而作为食物来源，鲜嫩的竹笋是餐桌上的美味佳肴。在工业方面，竹用于造纸，为知识的传播提供了重要载体。

同时，竹在其他工业领域也有着广泛应用。竹的多功能性使其能够满足人类不同方面的需求。更重要的是，竹的可持续性优势显著。与木材相比，竹生长迅速，能够在较短时间内实现更新，成为木材的理想替代品。这不仅有助于减少对森林资源的过度依赖，保护生态环境，还为人类的可持续发展提供了新的思路和途径。竹与人类相互依存，共同书写着人与自然和谐共处的美好篇章。

二、竹的精神象征

（一）竹与中国文化

竹，作为中国文化中至关重要的符号，承载着中华民族深厚的历史底蕴和独特的精神价值。在中国传统文化的浩瀚长河中，竹文化宛如一颗璀璨的明珠，熠熠生辉。

从物质文化层面来看，竹的作用不可小觑。在建筑领域，竹材曾被广泛用于搭建房屋、桥梁等。其坚固耐用且富有自然之美，为人们提供了温馨的居住空间。在家具制作方面，竹制家具以其简洁大方、轻便舒适的特点，深受人们喜爱。从桌椅板凳到床铺橱柜，竹家具不仅实用，还散发着一种质朴的艺术气息。此外，竹也是乐器制作的重要材料。例如，竹笛、箫等乐器音色清脆悠扬，能奏出动人的旋律，为中国音乐文化增添了独特的魅力。

而在精神文化方面，竹的影响力更是深远。竹刚直挺拔，象征着正直不屈的品格。无论面对怎样的风雨，竹始终保持着傲然挺立的姿态，这种坚韧不拔的精神激励着人们在困境中坚守信念，不向困难低头。四季常绿的竹，又寓意着永恒和生机，给人以希望和活力。竹被列为"四君子"和"岁寒三友"之一，与梅、兰、菊、松一起成为人们歌颂和追求的高尚品质的象征。文人墨客们常常以竹为题材，吟诗作画，表达自己的精神追求和人生态度（图 2-5）。他们用竹来比喻自己的高洁、谦逊和坚韧，通过对竹的赞美抒发内心的情感和理想。

竹文化的内涵丰富多样，涵盖了从日常生活到精神追求的各个方面。在日常生活中，竹制品随处可见，如竹篮、竹筷、竹席等，它们不仅实用，还承载着人民对美好生活的向往。在精神追求上，竹的品质成为人们修身养性的目标，教导人们要像竹一样，保持正直、谦逊、坚韧的品质，追求高尚的道德境界。竹与中国文化紧密相连，是中华传统文化中具有很强民族特色的文化瑰宝。它不仅在物质文化中发挥了重要作用，更在精神

文化中产生了深远的影响，是中华民族精神的重要组成部分。

图 2-5　竹书法（摄于浙江农林大学竹韵棠）

（二）竹在文学中的表现

竹在中国文学中广泛体现，从古代诗歌到现代文学作品，竹都是常见的主题（图 2-6）。《诗经》中就有大量竹诗，直接提及的有 5 首，间接提及的有几十首。苏轼在其诗作中多次提到竹，表达了对竹的喜爱和赞美。郑板桥的《竹石》更是以竹为主题，表达了竹坚韧不拔的精神。竹的枝干和叶片四季常青、苍翠欲滴，正如苏辙在《墨竹赋》中所言："叶如翠羽，筠如苍玉。"竹郁郁葱葱的绿色，清淡素雅。虽然没有姹紫嫣红，也没有五彩缤纷，但是一袭隽永的绿让生气浮浮上升，孕育着一股向上生长的力量。绿色是生命和活力的象征。竹不凋零的绿色，仿佛是对人的一种生机勃勃的召唤。当置身于一片青葱的竹林中时，自然的绿色气息让人心里明净透亮、清静自在，给人一种宁静致远的意境①。

---

① 卢秋芬. 基于机器视觉竹条缺陷识别技术研究[D]. 福州: 福建农林大学, 2019.

图 2-6 竹文学（摄于浙江农林大学竹韵棠）

（三）竹与艺术创作

竹常作为绘画和书法的主题，象征着坚韧、高洁和谦逊，在中国艺术中较为常见。竹材因其轻便、易加工的特性，被广泛用于制作雕塑作品。艺术家们利用竹的天然形态和纹理，创造出各种立体艺术品，以及古老的手工艺竹编，通过编织竹条制作出各种装饰品、日常用品和艺术品（图 2-7）。竹材有强度高、生长速度快、可持续性好等特性，在建筑设计中被用作结构和装饰材料。在园林设计中，竹常被用作景观元素，以其优雅的姿态和四季常绿的特性，为园林增添一份宁静和雅致。在现代艺术中，竹也被用于实验性的创作，艺术家们借此探索竹的新用途和表现形式。例如，竹灯具是在"以竹代塑"的倡议下，将竹材与灯具设计相结合的一种绿色探索。现代竹灯具如何迎合当代审美与市场需求，需通过大量研究深入分析竹材及竹灯具的独特优势和加工可行性，并付诸诸多实践探索[①]。

[①] 林军. 中国竹文化传统的精神内涵[J]. 南通大学学报(社会科学版), 2014, 30(5): 84-88.

图 2-7 竹与艺术创作（摄于浙江农林大学竹韵棠）

（四）竹的精神传承

竹的精神传承，犹如一盏明灯照亮了中华民族的前行之路。竹的坚韧，使其在风雨中屹立不倒，象征着人们面对困境时应有的顽强不屈。那份谦虚，是不骄不躁的处世态度，提醒着人们时刻保持谦逊，不断进取。高尚的品质，则如同一股清流，涤荡着人们的心灵。文人墨客以竹自喻，将自身的精神追求与竹的品质相融合。他们用诗词歌赋赞美竹，传承着竹的精神。在教育领域，竹的精神更是发挥着重要作用。在传统教育中，教师借助竹的故事和象征，为学生树立榜样。"岁寒三友"的故事激励着学生在逆境中坚守，培养他们坚毅的品质。同时，强调谦虚、有礼貌，让学生懂得尊重他人（图2-8）。

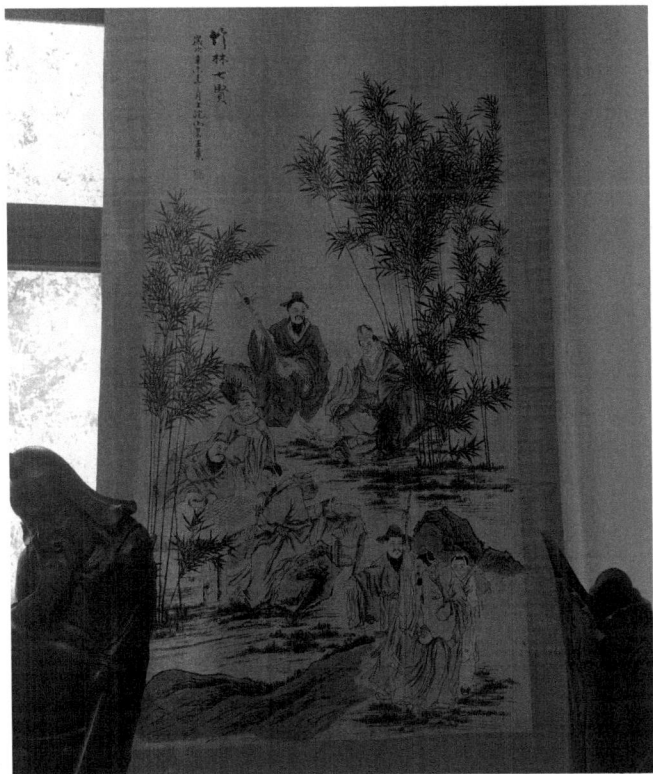

图 2-8　竹林七贤艺术作品（摄于浙江农林大学竹韵棠）

在现代教育中，竹的精神融入德育课程，形式多样的活动和讨论使学生深刻理解竹的品质。学生们在学习竹的精神过程中，塑造健全人格，培养良好品德。竹的精神传承作为中华民族精神的一部分，将继续激励后人，在新时代绽放更加绚烂的光彩。

（五）竹与人生哲学

竹与人生哲学有着密切的关系，其特质常被用来比喻人生的各种境遇和态度。竹能够在恶劣的环境中生长，即使在岩石缝隙中也能顽强生存，这激励着人们在面对困难和逆境时要坚韧不拔。例如，孟子曾说："故天将降大任于是人也，必先苦其心志，劳其筋骨。"这句话与竹在逆境中生长的特性相呼应，鼓励人们在面对挑战时保持坚强和毅力。

同时，竹空心的特质代表谦虚，提醒人们要保持谦逊的态度，认识到自己的不足。如《论语》中孔子所说："三人行，必有我师焉。"这表明了一个人无论多么有成就，都应该保持谦虚，不断学习。

最后，竹的生长顺应自然规律，不强求，不抗拒，这启示人们在生活中要顺应自然，适应环境。这与道家哲学中的"无为而治"思想相契合，提倡人们在面对生活的变化时，要顺其自然，不强求结果。

竹的这些象征意义和精神传承，不仅在中国文化中具有深远影响，也为人们提供了丰富的精神滋养和人生启示。

三、竹的美学意象

（一）竹的形态美

竹以其挺拔、修长的形态而著称，无论是单株还是成林，都能展现出一种优雅和坚韧的美感。竹的形态多样，有的笔直如箭，有的弯曲如弓，形态各异，给人以美的享受（图 2-9）。

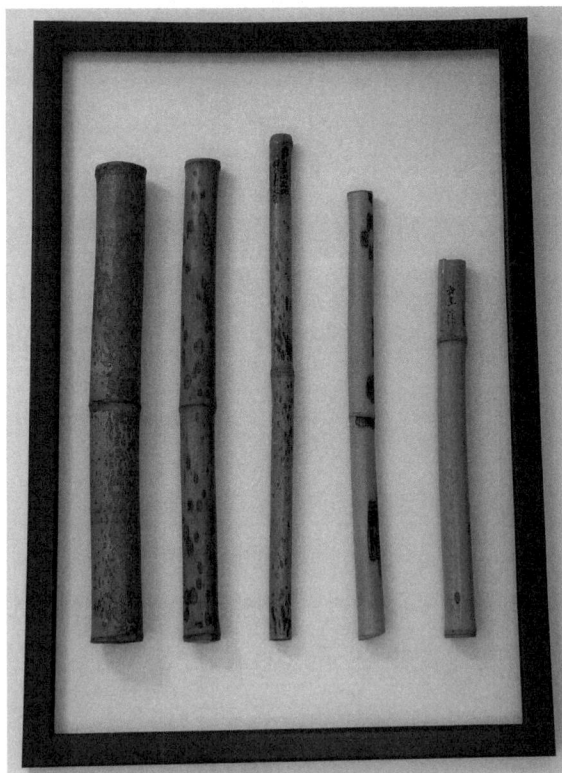

图 2-9　竹的形态美（摄于浙江农林大学竹韵棠）

①线条美。竹的茎干细长而挺拔，线条流畅，给人以优雅和简洁的美感。这种线条美在中国画中尤为突出，画家们常常用简练的笔触来捕捉竹的形态，创造出一种宁静而深远的艺术效果。②姿态美。竹的姿态多样，有的直立向上，有的弯曲有致，无论是在风中摇曳还是静立不动，都能展现出一种独特的韵味。这种姿态美在园林设计中被广泛应用，竹的布置往往能增添园林的层次感和动态美。③光影美。竹的枝叶在阳光照射下会产生丰富的光影效果，这种光影美在摄影和绘画中被广泛捕捉和表现。竹的光影不仅增加了画面的立体感，也增添了一种神秘和梦幻的氛围。④质感美。竹的质感细腻而坚韧，无论是竹叶的柔软还是竹竿的坚硬，都能给人以不同的触觉和视觉体验。在手工艺和设计中，竹的质感常常被用来创造独特的艺术作品。

（二）竹的色彩美

竹的颜色通常为绿色，但随着季节、品种和光线的不同，竹的色彩也会呈现出不同的深浅和光泽，如嫩绿色、深绿色、黄绿色等，给人以清新自然和生机勃勃的感觉。在摄影和绘画中，竹的色彩常常成为表现自然美的重要元素。

竹的绿色是自然界中最常见也是最具生命力的颜色之一。它代表着春天的到来、生命的勃发和自然的复苏。虽然竹的基本色彩是绿色，但不同种类的竹以及不同生长阶段的竹，其绿色调会有所变化。从嫩绿的新芽到成熟的深绿，再到秋冬季节的黄绿，竹的色彩呈现出丰富的层次和变化。

此外，在不同的光线下，竹的绿色会展现出不同的效果。阳光下的竹叶会反射出耀眼的翠绿，而月光或阴天下的竹则呈现出柔和的墨绿，增添了一种神秘而静谧的氛围。在绘画、摄影等艺术创作中，艺术家们通过捕捉竹的绿色，创造出具有独特审美价值的作品。例如，中国水墨画中的竹通过墨色的深浅变化来表现竹的绿色，展现出一种淡雅而深远的美感。

（三）竹的音韵美

竹在大自然中不仅以其挺拔的身姿和翠绿的色彩令人赏心悦目，更以其独特的音韵美给人带来宁静与放松，成为自然之美的生动体现。当微风轻拂，竹随风摇曳，发出沙沙的声响。这声音如同大自然演奏的美妙乐章，轻柔而舒缓。它仿佛是一位温柔的使者，悄然地拂去人们心头的烦躁与疲惫，给人带来一种难以言喻的宁静之感。在这沙沙声中，

人们可以暂时忘却尘世的喧嚣与纷扰，沉浸在自然的怀抱中，让心灵得到片刻的安宁与放松。

在中国古典园林中，竹的音韵美被巧妙地运用，常特意种植竹林营造自然音韵，这也成为园林景观中不可或缺的一部分。走进古典园林，那一片片郁郁葱葱的竹林，宛如一幅美丽的画卷。微风拂过，竹叶沙沙作响，与潺潺的流水声、婉转的鸟鸣声相互交织，共同营造出一种清幽、雅致的氛围。在这样的环境中，人们可以漫步其中，感受自然之美，品味竹的音韵带来的宁静与诗意。

竹的音韵在中国古代诗歌中更是被广泛运用，成为营造意境和抒发情感的重要元素。唐代诗人王维的《竹里馆》中，"独坐幽篁里，弹琴复长啸"，短短两句诗，便将竹林的宁静与诗人的超脱之情展现得淋漓尽致。在这片幽静的竹林中，诗人独自弹琴、长啸，与自然融为一体。竹的沙沙声仿佛是大自然对诗人的回应，共同营造出一种空灵、悠远的意境。在这里，竹的音韵不仅是一种自然之声，更是诗人内心世界的写照，表达了他对自然的热爱和对超脱尘世生活的向往。

竹的音韵美不仅是一种声音，更是一种情感的寄托和文化的传承。它承载着古人对自然的敬畏与热爱，对美好生活的向往与追求。在现代社会，我们虽然身处繁华都市，但依然可以通过欣赏竹的音韵来寻找内心的宁静。无论是在公园的竹林中漫步，还是在窗前聆听微风吹过竹林的声音，都能让我们感受到大自然的美好与力量。同时，竹的音韵美也为我们的文化创作提供了丰富的灵感。例如，在音乐、绘画、文学等领域，竹的音韵可以成为创作的主题，激发艺术家们的创作热情。通过艺术的表现形式，竹的音韵美可以被更多的人感受和理解，进一步传承和弘扬我们的传统文化。

竹的音韵美是大自然赋予我们的珍贵礼物。它以其独特的魅力给人们带来宁静与放松，成为自然之美与诗意情怀的完美结合。让我们珍惜这份礼物，用心去感受竹的音韵之美，在喧嚣的世界中寻找一片宁静的港湾。

（四）竹的意境美

在中国传统文化中，竹常与高洁、坚韧等品质联系在一起，成为文人墨客笔下表达情感和哲思的载体，形成了独特的意境美。

首先，竹常被描绘在静谧的环境中，如幽深的竹林、宁静的庭院，这种静谧的意境给人以心灵的宁静和放松。同时，竹在恶劣环境中依然能够顽强生长，这种坚韧不拔的精神在中国文化中被高度赞扬，这种高洁之美在中国古代文人的诗歌和绘画中被广泛表现。例如，郑板桥的竹画不仅展现了竹的自然美，更传达了一种高洁的精神追求。

其次，竹常常与其他自然元素（如松树、梅花等）一起，被用以表现和谐共生之美。在中国园林设计中，竹常与山石、水景等元素相结合，创造出一种和谐统一的自然景观。竹的绿色给人以清新、自然的感觉，这种清新之美在中国古代文学和艺术中被广泛表现。此外，竹的清新之美还常与春天、青春等主题相联系，象征着生命的活力与希望。

再次，竹常被用来表现孤独的意境，如在竹林中独自行走或静坐，这种孤独之美在中国古代诗歌中尤为常见。竹的孤独之美常与文人的自我反思和精神追求相联系，象征着对内心世界的探索和对自然之美的感悟。

最后，竹在佛教文化中也有着重要的地位，象征着清净和超脱。在禅宗文化中，竹常被用来表现禅意的意境，如"竹影扫阶尘不动，月穿潭底水无痕"表现出了一种超然物外、与自然和谐共处的禅意。"疏影横斜水清浅，暗香浮动月黄昏"描写竹子的影子在水中斜斜映出，黄昏时分暗香浮动，营造出一种静谧而深远的禅意氛围。

（五）竹的文化内涵

竹在中国文化中具有丰富的象征意义，代表着坚韧不拔的精神。同时，竹也是许多诗词和绘画作品的主题，承载着深厚的文化意蕴（图 2-10）。首先，竹是君子的象征。竹以其坚韧、挺拔、中空等特性，被视为君子的象征，常被用来比喻正直、谦逊和坚韧不拔等高尚品质。其次，竹也常常成为文人墨客寄托情感的对象，他们通过咏竹、画竹来表达自己的思想情感和审美追求。此外，竹的特性与中国传统的哲学思想相一致，如儒家的中庸之道、道家的顺应自然等。最后，在佛教文化中，竹象征着清净和超脱；在道教文化中，竹则与长生不老和仙风道骨的形象相联系。

在日常生活中，竹具有广泛的实用价值，如常被运用在建筑、家具、编织、造纸等领域，体现了竹与人们日常生活的密切联系。在现代文化中，竹的文化内涵得到了新的诠释和表达，如在现代设计、环保理念、文化艺术等领域，竹被赋予了新的时代意义，如竹制自行车、竹纤维服装等。这些创新不仅体现了竹的实用价值，也展现了竹在现代文化中的新角色和意义，并且竹在东亚文化中具有共通的文化内涵，为不同国家和民族之间的文化交流与理解搭建了桥梁。

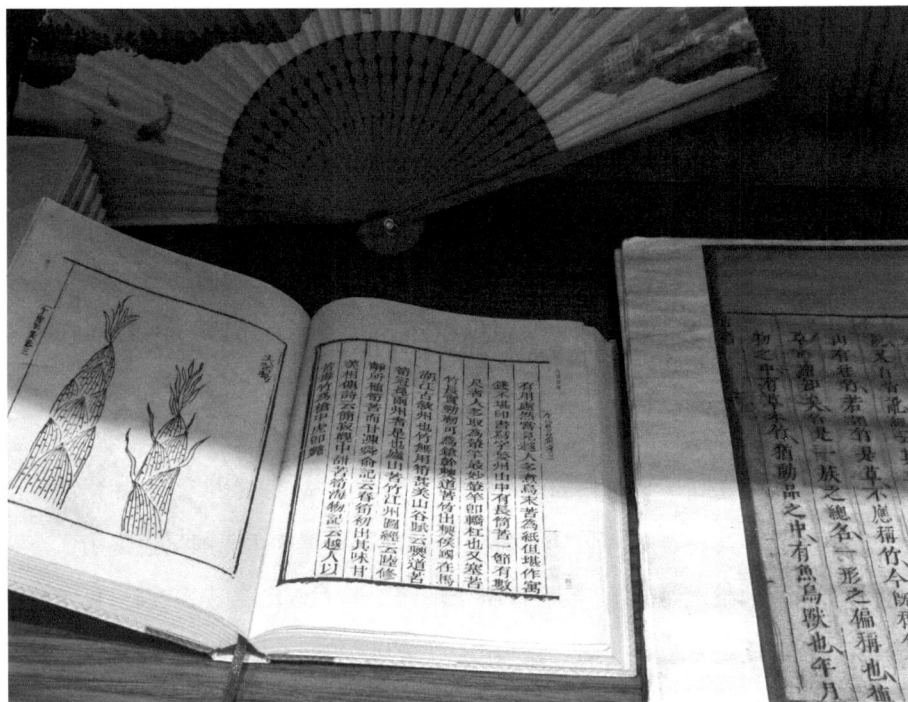

图 2-10　竹的文化内涵（摄于浙江农林大学竹韵棠）

（六）竹的现代美学价值

在现代社会，竹以其独特的自然形态和材质特性，在设计与艺术创作领域绽放出璀璨的光芒，展现出全新的价值与无尽的可能性。首先，竹的快速生长特性使其成为一种备受瞩目的可持续资源。在当今注重环保与可持续发展的时代背景下，竹的这一优势越发凸显。它常被巧妙地用来制作家具、装饰品以及其他各类生活用品。当我们坐在竹制的椅子上，感受着那份自然的温润，或是欣赏着竹编的精美工艺品时，我们不仅是在欣赏　件物品，更是在见证一种美学实践。这种对自然资源的可持续利用，本身就是一种对美的追求与表达。它体现了人与自然和谐共生的理念，让我们在享受生活的同时，为地球的未来贡献一份力量。其次，竹作为一种环保材料，其自然、无毒的特性完美契合了现代人对健康生活的执着追求。在现代家居设计中，竹制产品因其独特的环保优势而备受青睐。竹制家具散发着一种朴素而纯净的美学气息。它没有过多的华丽装饰，却以其天然的纹理和色泽，展现出一种简约而不简单的美。走进一个以竹制产品为主的家居空间，仿佛置身于大自然之中，让人感受到一种宁静与舒适。竹制的装饰品，如竹篮、竹帘等，也为家居增添了一份自然的韵味。它们不仅实用，也成为家居装饰的亮点，展现出一种独特的美学价值。

在现代建筑设计中，竹更是发挥出了巨大的潜力。竹结构的建筑以其独特的质感和形态美吸引着人们的目光。竹的柔韧性和强度使其能够构建出各种富有创意的建筑形态。竹材料的自然纹理为建筑带来了一种质朴而又充满艺术感的外观。设计师们巧妙地运用竹的特性，创造出既美观又实用的建筑作品。例如，越南建筑师武重义设计的竹结构建筑，不仅注重材料的环保性和经济性，还通过工业化建造技术和传统工艺的结合，实现了建筑形式与规模的突破，成为现代建筑设计的经典之作。竹建筑不仅展现了竹的结构美学，更是对环境的尊重和对传统文化的现代诠释。它们将传统与现代完美融合，向我们展示了竹在建筑领域的无限可能。

在现代艺术创作中，竹常被艺术家们以新颖的方式运用于雕塑、装置艺术等作品中。艺术家们利用竹的形态和色彩，创造出具有强烈现代感的艺术作品。有的作品以竹为材料，构建出抽象的雕塑形态，展现出竹的线条之美；有的作品将竹与其他材料相结合，创造出富有创意的装置艺术，引发人们对自然与现代社会关系的思考。同时，竹也被广泛运用在园林设计中，利用竹的自然美与现代设计元素相结合，创造出具有现代感的园林空间。竹的翠绿与园林中的花草树木相互映衬，营造出一种宁静而又充满生机的氛围。

从更深层次来说，竹作为一种具有深厚文化底蕴的植物，在现代文化交流中扮演着至关重要的角色。竹在中国传统文化中象征着坚韧、谦逊、高洁等品质，这些品质在世界范围内也得到了广泛的认同。不同文化背景的人们通过竹可以交流和分享对自然美与生活美学的理解。竹成为一种跨越文化界限的语言，连接着不同国家和地区的人们。在国际文化交流活动中，竹制的艺术品、建筑作品等成为展示各国文化特色的重要载体。它们让人们感受到不同文化之间的差异与共性，促进了文化的交流与融合。

竹在现代美学中具有不可忽视的价值。它以其可持续性、环保性、独特的质感和深厚的文化底蕴，为现代设计和艺术创作注入了新的活力。无论是在家具设计、建筑领域还是艺术创作中，竹都展现出了强大的魅力（图 2-11）。它让我们看到了传统与现代的完美结合，也让我们对未来的设计和艺术发展充满了期待。在这个充满挑战与机遇的时代，让我们更加珍惜竹这一宝贵的资源，充分发挥其现代美学价值，为我们的生活创造

更加美好的未来。

图 2-11　竹原纤维（摄于浙江农林大学竹韵棠）

第三节　竹文化与现代社会的融合

一、竹文化与可持续发展理念的契合

文化作为可持续发展的核心，作为中华民族传统文化的重要组成部分，不仅承载着深厚的历史底蕴，还蕴含着丰富的精神内涵与生态智慧，对我国经济、社会和环境都做出了巨大贡献。自古以来，竹以其独特的姿态和品质成为文人墨客笔下赞颂的对象，也是广大民众心中美德的象征。中国作为竹资源品种最丰富、竹产品应用历史最悠久的国家，拥有丰厚的竹文化底蕴，将竹文化融入产业发展，能够促进竹材的多元化应用，推动绿色经济、循环经济的发展。此外，通过文化创意、生态旅游等新兴业态，可以激活竹产业的经济潜能。通过提升人们对竹文化的认同感和保护意识，发展竹产业带动就业增收，提升竹制品附加值，可以实现竹产业从资源依赖向创新驱动的转变，最终实现经济、社会、文化的全面协调发展。

（一）竹文化精神内涵与可持续发展理念

"千磨万击还坚劲，任尔东西南北风。""宁可食无肉，不可居无竹。"自古君子皆爱竹，亦当如竹。竹具有刚正不阿、傲骨不屈、不畏艰难、淡泊高远、朴实谦逊的高尚精神品格，这也正是竹文化内在精神的核心体现。在现代社会，竹文化的精神内涵被赋予了新的时代意义。随着全球对可持续发展的重视，竹作为一种绿色、环保的可再生资源，其生态价值和经济价值日益凸显。竹产业的发展不仅有助于保护生态环境、减少碳排放，还能带动地方经济，促进就业，实现经济效益与生态效益的双赢。在当今生态环境极度恶化的情况下，竹作为一种速生、可再生资源再次登上历史舞台。作为新型环保生态材料，竹在其生长过程中能够吸收大量二氧化碳，释放氧气，极大地促进生态环境改善。

竹文化在促进文化交流与融合方面也发挥着重要作用。通过举办竹文化节、竹艺展览等活动，可以增进人们对竹文化的了解和认识，促进不同文化背景下的交流与对话，推动文化的多样性和包容性发展。我们要充分深挖竹文化的内在和外在表现，学习竹君子之道，努力培养重塑自身，争当时代新人，通过培养个人品格，逐渐形成可持续发展的教育体系，树立对子孙后代负责的意识。对于竹文化的外在表现，应大力改革创新发展新型竹材质产品，在满足当代人需求的同时，满足公平性、共同性和持续性，最终实现共同、协调、公平、高效、多维的可持续发展，并在传承和弘扬竹文化的基础上，不断创新和发展，让竹文化在现代社会中焕发出新的生机与活力。通过教育引导、科技研发、产品创新等多种方式，深入挖掘竹文化的内涵与价值，推动竹文化的广泛传播与深入实践，为构建人与自然和谐共生的美好家园贡献力量。

（二）传承发展竹文化，推动可持续发展

竹文化作为中华民族独特的精神内核，不仅是历史长河中的一颗璀璨明珠，也照亮了我们的文化记忆，更以其独特的魅力渗透于我们的精神世界，成为中华民族独特的精神内核。加大竹文化传承发展力度，不仅能够弘扬中华民族传统美德，更能有效推动社会进行可持续良性发展。

当今社会，随着人们环保意识的增强和现代科学技术水平的不断提高，竹子这一古老而神奇的植物，其内在坚韧不拔的精神品格，以及其外在速生、可再生降解的特点，

使其成为如今备受青睐的新型生物质材料。竹子的生长速度快，对环境的适应性强，能够减少水土流失，有效维护生态平衡。同时，竹子的材质优良，经过现代科技的加工处理，其耐用性、抗磨性不断提高，并且因新型竹复合材料的研发，竹制品在各个领域得到了广泛应用。

"以竹代塑""以竹代木"等理念的提出如今已经不再陌生，"竹代"名词的出现正是人们对可持续发展的深刻反思和应对策略。这些理念的实践不仅有助于减少塑料和木材等传统材料的使用，降低对环境的污染和破坏，还能推动竹产业的发展，促进经济的转型升级。2023年6月，清华大学美术学院和宝马（中国）汽车贸易有限公司共同启动了"循环经济视野下的传统手工艺创新设计大赛"的公益项目，其中竹制美术作品吸引了众多观众的眼球。这些作品不仅展现了竹文化的独特魅力，还融合了现代设计理念和技术手段，成为传统手工艺品与当代循环经济设计理念多维交叉融合的典型生动案例，进一步引起当代青年对竹文化传承的自觉性和可持续发展等社会热点的关注。大力鼓励竹文化非遗传承人与时俱进，弘扬中华优秀传统文化，使竹文化焕发新的生机活力（图2-12）。

图2-12　竹制膳谱（摄于浙江农林大学竹韵棠）

（三）竹文化与可持续发展理念相辅相成

竹文化与可持续发展理念是相辅相成、相互依托、相互促进的紧密关系，这种关系不仅体现在理念层面的契合，更在实践层面展现出强大的生命力。竹文化，作为中华民族独特的文化瑰宝，其内涵丰富、深远，为可持续发展理念提供了深厚的精神支撑和价值导向，有效激发了人们对可持续发展生活的追求和向往。竹的坚韧不拔、生生不息，象征着对自然和生命的尊重与敬畏，也激励着人们追求可持续发展的生活方式。通过大力弘扬和传播竹文化，不仅有助于提升公众对可持续发展的认知和关注度，还能激发社会各界积极参与可持续发展的实践活动。同时，可持续发展理念为竹文化的传承与发展提供了新的机遇和动力。在可持续发展理念的引领下，文化传承者不断探索将传统技艺与现代科技相结合的路径，鼓励将传统文化技艺与现代化技术和科技成果进行有机结合，使竹文化更好地顺应时代潮流，为竹文化的发展创新提供更多机遇和可能性。竹材作为一种环保、可再生的资源，在建筑、家具、工艺品等领域得到了广泛应用，这不仅推动了竹产业的蓬勃发展，也为竹文化的传承注入了新的活力。

可持续发展理念极大地促进了竹文化的创新实践，而竹文化传播又反过来推动可持续发展理念的发展。随着全球气候变化的日益严峻，可持续建筑成为社会各界关注的焦点。竹结构建筑以其独特的优势，如成本低廉、施工简便、环保节能等，在全球范围内得到了广泛的推广和应用，这不仅为竹文化的传播提供了新的载体，也为可持续发展理念的实现开辟了新的道路。

竹文化与可持续发展在精神内涵、文化传承和实践应用等方面都存在密切的契合点，通过对竹文化和可持续发展理念精神内涵的深度挖掘，加强竹文化弘扬及传播，推动竹文化创新应用和创造性发展，让可持续发展理念更加深入人心，为构建人与自然和谐共生的美好未来贡献力量。

二、竹文化的数字化传承与创新

随着数字化技术的快速发展，AR（增强现实）、VR（虚拟现实）技术应运而生并开始广泛应用，数字时代的到来为竹文化的传承与创新注入了新的活力，为竹文化的广泛传播开辟了全新的路径。我们可以将现有"竹"主题诗词、绘画转变为沉浸式虚拟体验项目，让游客仿佛置身于竹海之中，感受竹文化的独特魅力。同时，我们还应逐步发展并丰富沉浸式业态的内容，提升游客的观赏体验，使其更加深入地了解和感受竹文化的内涵。对竹文化进行数字化创新实践，利用数字技术为游客进行展示设计，不仅符合当今时代的要求，也顺应了艺术发展和现代化的进程。通过数字化手段，我们可以将竹文化的精髓以更加生动、直观的方式呈现给公众，让更多人了解和喜爱这一传统文化，从而推动竹文化的传承与发展。

（一）数字化技术促进竹文化创新发展的现实意义

竹文化，这一深深植根于中华民族文化土壤中的瑰宝，不仅承载着丰富的历史记忆，更是中华民族智慧、生活习惯以及为人处世哲学的集中体现。它所蕴含的巨大精神内涵以及历史、教育、传承等方面的价值，使得竹文化在中华乃至世界的历史长河中始终闪耀着独特的光芒，并逐渐成为各民族、各地区独特的标志性 IP。在当下日新月异的时代背景下，习近平总书记强调，要大力弘扬与传承中华优秀传统文化，增强文化自信，提升文化软实力。这从侧面要求我们必须坚持传承和广泛传播竹文化。

如今，随着数字化科学技术的蓬勃发展，以及数字化技术在文化遗产保护传承中的深入实践，竹文化的保护传承工作迎来了新的发展机遇，逐步迈向了数字化时代。数字化技术的广泛应用，不仅为竹文化的传播与发展提供了更为广阔的平台，更使得公众对竹文化的认知超越了传统的范畴，达到了一个全新的高度；促使公众自主性保护传承竹文化，使文化保护由单一平面方式向多元互动立体形式进行转变。

通过数字化技术，我们可以将竹文化的精髓以更加生动、直观的方式呈现给公众，激发他们的兴趣，提升他们对竹文化的了解程度。例如，利用新媒体平台，我们可以制作和发布关于竹文化的短视频、图文资讯等，让更多的人能够接触到这一文化瑰宝。同时，我们还可以将竹文化与数字动画技术、虚拟体验技术等前沿科技进行有机结合，创造出既具有传统韵味又不失现代感的文化产品。

此外，数字化技术还是传承、保护、创新发展竹文化的有效工具。它能够极大提升宣传保护的效率，使竹文化得到更加广泛和科学的应用。通过数字化手段，我们可以对竹文化的历史文献、传统技艺等进行数字化记录与保存，为后人留下宝贵的文化遗产。同时，我们还可以利用数字化技术对竹文化进行创新性开发，创造出更多符合现代审美和市场需求的文化产品，推动竹文化的传承与发展迈上新的台阶。

（二）竹文化沉浸式数字展示设计策略

竹文化，这一蕴含深厚历史底蕴与自然哲理的文化形态，不仅因其挺拔坚韧的特质而备受推崇，更因其广泛的应用价值对公众产生了深远的影响。文化具有多元性，竹文化的多元性体现在它能与多种学科进行交叉融合，形成独特的文化领域，如竹之"形"展现了竹子的自然美感与建筑艺术的结合；竹之"韵"传达了竹子所蕴含的精神气质与文化内涵；竹之"用"体现了竹子在日常生活与工业生产中的广泛应用；竹之"思"反映了人们对竹子所代表的哲理与人生观的思考；竹之"绿"强调了竹子作为绿色生态资源的价值；竹之"文"则涵盖了与竹子相关的文学、艺术、历史等方面的内容。

浙江农林大学为深入展示我国丰富的竹文化，特在东湖校区建立集竹文化展示、教学、科研和科普于一体的文化馆——竹韵棠，竹韵棠已成为校内竹文化教学与科研的重要基地。但由于场地空间限制和展示方式过于单一，没有充分运用数字化技术，文化展示效果与观众参与体验感没有得到很好匹配，未达到最为理想的状态，极大地影响了竹文化传播展示效果。为了突破这一瓶颈，应当将数字化技术深度融入竹文化传播和展示中，加强竹文化沉浸式体验感，通过对竹文化的数字化展示设计进行创新性打造，满足公众在数字化背景下的独特体验。

具体而言，深度挖掘竹文化相关历史文化故事、寓言传说故事等具有极强叙事性、情境性和视觉冲击性特点的内容，结合现代数字技术，如 VR、AR 等，通过选用适当竹材，结合场地特色因地制宜打造竹艺术人造景观，重现模拟竹文化场景，为观众提供虚拟沉浸式体验。

同时，还应该充分探索民间竹类非物质文化遗产和竹质手工艺品的保护和传承，通过数字化手段将这些珍贵的文化遗产转化为实践性与互动性结合为一体的沉浸式体验空间，让观众在亲身体验中感受竹文化的魅力。吸收借鉴当前文化传承展示方法，并对其进行改革，推动创新性发展，注重物质类展品展览宣传普适性，做到向观众直接、客观地叙述文化。通过以上策略丰富优化竹文化展示方式，结合数字服务内容、数字监督系统以及数字管理平台，提升观众沉浸式参与感与体验度，形成竹文化独特的"IP+科技"融为一体的沉浸式体验项目。

（三）竹文化沉浸体验数字化展示设计案例分析

在 21 世纪的数字化浪潮中，国家级非物质文化遗产（以下简称非遗）嘉定竹刻代表性传承人王威，凭借其前瞻性的视野，敏锐地捕捉到数字化技术在竹文化保护传承方面的巨大潜力。嘉定竹刻这门精湛的技艺，不仅是中华民族深厚文化底蕴和民族精神的生动体现，更是传统手工艺与现代科技融合的典范。因此，他坚信，传统手工艺应该大胆拥抱未来科技和数字语境，在与数字技术的融合中更好地发扬这一古老而璀璨的文化遗产。

正是基于这一理念，王威携手国内知名的数字视觉创意平台"视觉中国"，共同推出了一个具有里程碑意义的项目，以崭新形象——3D 数字藏品系列"竹刻四季"出现在大众眼前。"竹刻四季"不仅突破了传统艺术欣赏方式在时间、空间维度上的限制，更是一次对传统二维平面文化传播方式的颠覆性创新。通过三维立体方式与数字化技术巧妙结合，"竹刻四季"将嘉定竹刻的精湛技艺和独特魅力，以一种全新的、更为直观和生动的方式呈现在观众面前，使观众突破时间、空间限制更好地欣赏、观察雕刻细节，获得更好的观赏体验。

更重要的是，"竹刻四季"3D 数字藏品系列的成功推出，还促进了文化产业与数字技术的深度融合。这一创新性的尝试不仅为竹文化的传播提供了新的渠道和平台，也为文化产业的数字化转型提供了有益的借鉴和参考。通过数字化技术，传统文化得以跨越时空的界限，以更加生动、直观的方式触达更广泛的受众，从而实现文化的有效传承和广泛传播。

同时，"竹刻四季"的成功展示了数字化技术在提升用户体验方面的巨大潜力。通过三维立体技术和数字化技术的结合，观众可以享受到更加沉浸式的观赏体验，这种体验不仅增强了观众对传统文化的感知和理解，也提升了他们的文化自信心和归属感。总之，"竹刻四季"3D 数字藏品系列的推出，是嘉定竹刻传承人在数字化时代的一次勇敢尝试和创新实践，它不仅为竹文化的传承和发展注入了新的活力，也为文化产业与数字技术的深度融合提供了新的思路和方向。

三、竹文化在当代教育中的作用

教育是立国之本、民族之基，教育兴则国家兴，教育强则国家强，一个国家未来的发展潜力主要看这个国家的教育能力。文化是民族之魂，凝聚国家民族全部生命力、创造力以及向心力，所以要建立中华优秀传统文化+教育体系，将中华优秀传统文化内涵贯穿教育全阶段、全领域。在当代教育中融入传统竹文化内涵，在学科设计以及教材编撰中渗透传统竹文化教育，让学生在教育过程中逐渐领会传统竹文化内涵，有利于学生系统学习传统竹文化知识。

（一）以竹为师，提炼学校核心教育理念

教育理念是指对教育目标、方法以及价值观的基本看法和理解，是引领学校发展的灵魂所在，其重要性不言而喻。习近平总书记始终将教育置于国家发展的战略高度，多次强调教育对国家未来发展的关键作用，并明确指出要将立德树人作为教育中心环节。[①]他强调"人无德不立，育人的根本在于立德""要在加强品德修养上下功夫，教育引导学生培育和践行社会主义核心价值观，踏踏实实修好品德，成为有大爱大德大情怀的人"。在此背景下，通过对竹子内在人文精神品质的深入挖掘，探索竹品的无尽宝藏，并将其融入学校教育理念，形成独特的核心价值体系，不断指引学校前进。

竹子本身具有拔节向上、未出土时先有节的特性，这是一种节操、志向与勇气的象征，体现了"正直谦逊，诚信友善"的精神品格和高尚品质。当代教育体系将其作为一种对教育的理解和追求，不断传承和弘扬竹文化，将"正直、谦逊、励志、诚信"作为学校教育所注重的风气。重点向学生宣扬竹子质朴的特性和"善群向上"的品质，使竹文化成为学校文化的精髓，不断培育全体师生的价值观念，增强师生对竹文化的认同感。引导学生以竹为师，不断向其虚心求学，以本土文化精髓为基础，将竹子的质朴特性和"善群向上"的品质融入其中，结合竹文化内涵打造地域性教育体系，培养学生的独特个性，促进身心的全面成长。

进一步而言，将竹文化融入学校教育理念，不仅是对传统文化的传承与弘扬，更是对现代教育理念的创新与发展。竹子的生长过程，从默默扎根到破土而出，再到拔节生长，这一系列过程都寓意着教育的真谛——厚积薄发、持之以恒。学校应以此为鉴，鼓励学生在学习和生活中保持谦逊的态度，不断积累知识，磨练意志，勇于面对挑战，最终实现自我超越。

同时，竹文化所蕴含的"和谐共生"理念，也应成为学校教育的重要组成部分。竹

[①] 习近平. 习近平在全国教育大会上强调：紧紧围绕立德树人根本任务　朝着建成教育强国战略目标扎实迈进[EB/OL]. (2024-09-10)[2024-11-18]. https://www.gov.cn/yaowen/liebiao/202409/content_6973522.htm.

子在生长过程中既保持个体的独立性，又能与周围环境和谐共生，这种精神同样适用于教育领域。学校应倡导学生学会与他人合作，尊重差异，包容多样，共同营造一个和谐、积极、向上的学习氛围。

以竹为师，提炼学校教育理念，不仅有助于培养学生的良好品质，还能促进学校文化的建设，推动教育的全面发展。

（二）以竹为规，推进竹廉文化育人体系培养

"竹者，淡泊一生甘始终，行端影直政自明。"竹文化是清廉文化的核心内涵之一，极大地推动了现代清廉文化的建设发展、竹廉文化育人体系的培养，有效增强了公民的廉洁意识，培养了公民以竹为师的习惯，促进了文化创造性转化、创新性发展，提升了国家文化软实力。

充分发挥政府积极导向作用，将竹文化创新传承与可持续发展理念相结合，将竹廉文化作为内驱力，制定文化育人政策。"竹本固，固以树德；竹性直，直以立身；竹心空，空以体道；竹节贞，贞以立志。"这句话明确了竹文化在文化育人体系建设中的关键性作用和重要地位，确保竹廉文化育人体系得到切实保障。文化是教育之基，将竹廉文化融入文化育人体系是势在必行，将竹廉文化与教育项目相结合是现实之需。我们需要不断探索竹廉文化育人体系结合发展形势，不断丰富其内涵与内容。设立专项教育基金项目，为竹廉文化提供充足的财政和优惠支持；鼓励地方政教合作，探索地域性竹廉文化结合形式；开发多样化竹文化节庆活动，激发公众参与积极性；完善竹文化各阶段协同发展，形成完善的竹文化育人体系。在传统学校教育中，注重将竹文化与清廉文化融入学生现代教育体系，从小培养"竹廉"青年。大力开发竹廉文化课程，将竹文化融入现代课程教材与实践活动，全面创设竹文化问题情境，在寓教于乐中培养青少年的竹廉意识。

我们还应鼓励社会各界积极参与，共同探索竹廉文化育人体系的新模式、新路径。通过设立专项教育基金、开展地域性竹廉文化合作、举办多样化的竹文化节庆活动等方式，我们可以进一步丰富竹廉文化的内涵，提升其影响力，为培养具有高尚品德和廉洁意识的公民奠定坚实基础。

（三）以竹喻廉，发挥竹文化工艺赋能育人作用

苏轼曾言"宁可食无肉，不可居无竹"，这份对竹的深情厚谊不仅是对竹之美的赞美，更是对竹之品格的敬仰。苏轼不忘初心、清正自持、淡泊致远，无论多少磨难都不能压垮他廉政为民的品格为我们所钦佩，苏轼爱竹，我们亦学其以竹喻廉的人生态度。竹所具有的气节、坚贞、清廉等品质一直被文人志士称赞，"竹廉"精神作为当今育人的核心内涵，需要我们深挖竹材特质，充分利用其环保、可再生等特性，发挥其工艺赋能育人作用。

将竹材质工艺作品与清廉文化内涵相结合，通过竹文化创意产业的打造，为清廉文化注入新的活力，并大力促进当地文化教育体系发展，塑魂育人，从传统文化里汲取营养，于润物无声处弘扬传承。

青神县，这座被誉为"中国竹编艺术之乡"的古城，在传承与创新的道路上，正以前所未有的热情探索着竹文化的育人价值。在学习贯彻习近平总书记来川视察重要指示精神和四川省第十二次党代会精神后，青神县依托其竹文化底蕴，充分挖掘竹文化廉政资源，发挥竹文化育人作用，积极以文创育人、产学研联动提振乡村原生技艺，大力建设国际竹编艺术博览馆，依托竹编艺术博览馆和竹林湿地公园，将竹廉文化与竹编文化有机结合。在这里，游客不仅可以欣赏到精美的竹编艺术品，还能在参观中深刻感受到竹文化的独特魅力，从而达到文化工艺育人的目的。这种寓教于乐的方式不仅弘扬了传统竹编艺术，更在潜移默化中传递了清廉文化的精髓。将竹编艺术与清廉文化紧密结合，为传统文化注入了新的活力。

第三章
竹文化融入教育的理论探索

第一节　竹文化育人的理论基础

一、竹文化的道德象征意义

（一）竹文化的多元象征

我国坐拥全球最为广阔的竹林疆域。竹，这一自然界的杰作，历经数千载岁月洗礼，化身为古代文人墨客笔下跃动的灵魂，出现于古籍经典与名家巨著之中，被赋予了人性的光辉与深邃的寓意，成为一种独特的精神图腾。中国的竹文化内涵十分丰富及独特，不仅承载着厚重的历史记忆，更是中华民族坚韧不拔、高风亮节等优秀品质的象征与传承，蕴含着中华文化的精髓与灵魂，影响着中国人的审美观念和伦理道德，对中国的文化、艺术及社会发展有着积极的促进作用。

中国竹文化的起源可以追溯到夏商周时期，与当时的社会发展有着密切联系，交通、军事、衣食住行及文艺发展等领域均有竹的身影。我们的祖先用竹筑造房屋、制船筏、架竹桥、编织各种生活用具，并将其作为食物食用，由于其自身价值较高，在物质资源不富裕的时代，深受当时百姓们的喜爱。正如宋代文豪苏轼所吟咏的"竹笋为食，竹瓦为居，竹筏载物，竹简载文"，竹子已悄然无息地融入了民众日常生活的每一个角落，这种深厚的渗透力促使竹文化逐渐发展成为一门独立而丰富的文化体系，历经千年而不衰，源远流长。此外，在中华民族的情感中，竹具有多元象征意义，涵盖民俗风貌、社会文化、宗教信仰、人格道德等多个领域。

（二）竹文化的道德象征

在我国文化史上，竹和松、梅并称为"岁寒三友"，竹和梅、兰、菊并称为"四君子"[①]，具有一定象征意义。竹文化以"竹"为独特载体，得益于竹子强大的生态适应性及其四季常青的特性，加之其高风亮节、谦逊自律的内在品质，被世人广泛赞誉为"君子品质"的象征。在长期的生产实践和文化生活中，人们将竹子的生态特征与外表生长形态总结升华成一种虚心、气节的精神面貌，将竹与道德关联，竹象征着具有高尚精神和道德品格。利用好竹文化的道德象征，可促进中华民族传统文化的传承与发展。

竹子的外观形象没有多彩绚丽的颜色，从上到下只有深浅不一的绿色，由于自身形象独立挺拔，往往给人以清淡素雅的感觉，令人忘俗。当置身于竹林中时，这种清新淡雅的绿色和其挺拔的身躯，会让人清净明亮、宁静致远，具有一定道德教化作用。魏晋时期的"竹林七贤"持孤高淡泊之操，流连于竹林，也不肯与世俗合污[②]。宋代诗人苏轼曾在赏竹时说道"无竹令人俗"。以上均体现出竹具有独立自省、淡泊名利的中华传统道德品性。

竹子具有坚韧的"杆"和"节"，再结合其自身质感及阴柔特性，有一种强劲、坚韧之美，其修长秀美以及正直、虚心的形象，又使其成为"德"的典型代表。在古诗文中常将"松""柏""竹"并用，比喻具有高洁品性或品格的君子。南北朝时，谢庄在其《竹赞》中描绘："瞻彼中唐，绿竹猗猗，贞而不介，弱而不亏"，赋予了竹子坚定不移的品格象征。转至唐代，邵谒在《金谷园怀古》中吟道"竹死不变节，花落有余香"，高度赞扬了竹子坚守节操、永不言败的美德。宋代学者袁燮在其《咏竹二首》中则以"中虚洞无物，节劲老更清"之句，极尽赞美竹子高洁的气节与脱俗的品质。而到了清代，郑板桥更是通过大量题于竹画之上的诗作，巧妙借竹抒怀，不仅展现了竹子不畏逆境、坚韧不拔的品性，也深刻表达了自己超脱世俗、坚守节操、勇于抗争的人生态度和高尚气节，使得竹成为他个人精神追求的化身。竹外在坚挺和内在中空的特征，使其成为高风亮节、守正不阿道德品质的象征，"守节"更是中国传统文化中的道德准则之一，竹的品德形象成为中华民族永恒的精神追求。

---

① 胡冀贞, 辉朝茂. 中国竹文化及竹文化旅游研究的现状和展望[J]. 竹子研究汇刊, 2002, 21(3): 7.

② 丁艳. 中华竹文化的多元象征及其当代意义[J]. 内蒙古大学学报(哲学社会科学版), 2021(1): 90-94.

（三）竹文化的当代价值

在历史的长河中，人们对竹的感知逐渐深化，从最初的实用功能探索转向了审美价值的发掘，这一转变过程体现了从单纯利用自然到赋予自然人文意义，并最终达到自然与人情感共鸣的审美境界，即实现了从自然物象到"人化景观"的升华，再至"人心化自然"的深刻情感投射。竹的自然属性与人的道德品行特点相契合，竹精神也成为人们道德品行修养的动力源泉，突出了中华竹文化的特色和核心。深入剖析与探讨中华竹文化所蕴含的精神内涵，对构建与完善现代社会的道德框架，倡导回归纯真质朴的生活哲学与观念，强化坚韧不拔、自强不息的民族特质以及弘扬社会主义核心价值观，均具有深远意义。此外，这一过程还促进了中华优秀传统文化的传承与创新，确立了广泛认同的文化符号，推动了文化意识的现代化进程，并助力打造具有时代特色的文化品牌，对中华民族的文化自觉与自信起到了积极作用。

二、竹文化的教育哲学理念

（一）竹文化的哲学内涵

竹被中华传统文化赋予象征宗教观念和理想人格、表现审美情感和审美理想的功能，中华民族的内在情感观念常借竹得以象征和表现，因而竹成为中华传统文化的一种重要符号。竹文化深深扎根于中国以大陆型小农经济为基石的社会结构中，是其形成与发展的现实土壤与坚实基础。

儒家和道家的哲学思想共同构筑了中国竹文化的核心理念基石。中国竹文化显著地体现了伦理道德的价值取向，它作为中华传统文化中一个璀璨的分支，映射出整个中华传统文化的辉煌面貌。竹文化所展现的伦理性正是中华传统文化伦理精神的一个缩影。其广泛渗透于多个领域，并凝聚了深厚的民族精神，根源在于竹子所具备的某些特质与中国传统哲学思想之间存在着"异曲同工"的契合点。竹文化兼容并蓄，巧妙融合了古代中国多家学说的智慧。中华传统文化的伦理底蕴深厚，对竹这一自然元素提出了文化层面的需求，并赋予其多元而丰富的文化内涵。同时，"天人合一"的哲学思维促使竹与人及其文化紧密相连，形成了独特的文化联结。

关于竹的崇拜，包括但不局限于竹的模仿、竹生人的神话传说、竹为族称、竹的禁忌、竹的祭祀活动等方面。对于竹的崇拜在中国南方地区较为普遍，是一种特有的文化现象，是古代人们自然观的集中体现。

（二）竹文化的教育哲学

文化教育作为人才培养过程中的重要环节，因其主体需求的差异性而呈现出不同的侧重点，教育模式也存在诸多差异。随着时代的不断发展，将竹文化教育理念融入人才培养中，使之能够在文化和专业两方面协调发展，进而培养出高素质创新型人才成为新的时代命题。

教育哲学除能够给人解惑外，还能满足人对于精神生活的追求。哲学人才也不只是传授哲学理念的"匠人"，他们发挥出来的作用已经与人们的日常生活紧密相关。哲学来源于人们的日常生活，哲学理念不仅能反映人物品格、时代精神、生产生活等方方面面，还能给人以心灵的启迪、思想的碰撞以及感情的升华。基于竹文化，探究教育哲学的构建路径，能够为教育贡献力量，深化教育哲学改革。寻找竹文化的本源，延续竹文化精神，蕴含着深邃教育哲学的自然启示。

竹之坚韧，寓意志教育。"咬定青山不放松，立根原在破岩中。"郑板桥的这句诗生动描绘了竹子在恶劣环境中依然坚韧不拔、顽强生长的形象。这种精神正是教育所倡导的坚韧意志的体现。在教育过程中，培养学生的坚韧品质至关重要。面对学习上的困难和挑战，学生应如竹子般不畏艰难、持之以恒，以坚定的信念和不懈的努力克服一切障碍，实现自我超越。

竹之虚心，倡导谦虚之道。竹子内部中空，却因此而更加挺拔，这恰似人之谦逊之心。在竹文化中，虚心不仅是一种物理形态的描述，更是一种人格修养的象征。教育应引导学生树立谦逊的态度，认识到"满招损，谦受益"的道理。在探索知识的道路上，只有保持一颗谦逊的心，才能不断吸收新知识，拓宽视野，避免骄傲自满导致停滞不前。

竹之群生，显示团结精神。竹林之美，在于其群生共荣、相互扶持。每一株竹子都不是孤立存在的，它们紧密相连，共同抵御风雨，展现了强大的集体力量。这种团结精神对培养学生的合作意识和团队精神具有重要意义。在教育实践中，应鼓励学生积极参与集体活动，学会与他人沟通协作，共同解决问题，体验团结合作带来的力量与快乐。

竹之生长，比喻自然法则。竹子的生长过程遵循自然界的规律，顺应时节，不急不躁。这种顺应自然、尊重规律的态度，对于教育同样具有启示意义。教育应尊重学生的个性差异和发展规律，因材施教，引导学生按照自身的节奏和方式成长，避免盲目追求成绩和速度。同时，也要教会学生尊重自然、敬畏生命，培养其具有可持续发展的观念。

竹之艺术，启迪审美教育。竹编、竹雕、竹画等竹文化艺术形式，不仅展现了竹子的美感，也丰富了人们的文化生活。在教育领域，竹文化艺术可以作为审美教育的重要资源，引导学生欣赏和创造美。通过学习竹文化艺术，学生可以提升审美情趣，培养创造力和想象力，同时加深对传统文化的理解和认同。

三、竹文化的全人教育理念

（一）竹文化的全人教育探索

全人教育强调人的全面发展，包括智力、情感、身体、社会交往、道德伦理及审美等多个维度。竹文化以其独特的品性，如虚怀若谷、清雅高洁等，恰好与全人类教育的核心理念相契合。竹子的生长、特性及形象，激励着学生在面对挑战时保持高洁的精神，引导学生在人际交往中保持谦逊态度。

（二）竹文化融入全人教育

在实践中，可以将竹文化融入课程体系，构建跨学科学习。将竹文化融入语文、美术、科学、社会实践等多门学科中，形成跨学科的竹文化学习主题。例如，在语文课上讲述竹的诗词歌赋，感受其文学魅力；在劳动课上学习竹编、竹雕技艺，培养动手能力；在科学课上探究竹的生长原理与生态价值，增强环保意识。通过跨学科融合，学生能够从不同角度深入理解竹文化的内涵与价值。

有计划地组织开展实践活动，使学生体验竹文化魅力。组织学生参与竹林徒步、竹制品制作、竹文化展览等实践活动，让学生在亲身体验中感受竹的自然美与人文情怀。通过实践活动，学生不仅能学习到竹文化的相关知识，还能在团队合作、沟通交流中提升社会交往能力，培养责任感与使命感。

尝试搭建竹文化展示平台，激发学生的创新潜力。例如，举办竹文化主题班会、手抄报比赛、创意竹艺作品展览等，这些活动不仅能够激发学生的创造力和想象力，还能让他们在展示过程中获得成就感与自信心，进一步激发其对竹文化的兴趣与热爱，并潜移默化地对学生起到教育作用。

将竹文化融入家庭教育中，以此形成教育合力。鼓励家长参与孩子的竹文化学习，共同阅读竹文化的书籍、观看相关纪录片、参与竹艺制作等。家庭与学校的有效合作能够形成教育合力，使竹文化的教育效果更加显著。同时，亲子互动还能增进家庭成员之间的情感交流，营造和谐的家庭氛围。

（三）竹文化融入全人教育的价值

随着教育改革的深入推进和全人教育理念的不断普及，竹文化在全人教育中的应用前景将更加广阔。一方面，竹文化融入全人教育，能够促进学生的全面发展：在认知层面，增进学生对竹文化的了解与认知；在情感层面，培养学生对自然的热爱与敬畏之心；在行为层面，有助于学生形成意志坚定、勇于担当的品格；在社会层面，增强学生的团队合作意识与社会责任感。另一方面，竹文化作为中华优秀传统文化的瑰宝，其传承与弘扬对于增强民族文化自信、推动社会主义文化繁荣兴盛具有重要意义，通过全人教育的方式，将竹文化融入学生的日常学习与生活中，使其成为连接过去与未来的桥梁，让中华优秀传统文化在新时代焕发出新的生机与活力。

第二节　竹文化与教育心理学

一、竹文化与认知发展促进

在人类文明的长河中，竹，这一独特的自然元素，以其坚韧不拔、高洁清雅之姿，深深烙印于人们心中，并在文化的沃土中绽放出璀璨的光芒，成为一种深刻影响人类认知与精神世界的文化符号。竹文化作为这一现象的集中展现，跨越国界，在中日两国尤为显著，它们各自赋予了竹独特的文化内涵与表现形式。中国的竹文化洋溢着浓厚的人文情怀与道德教化意味。竹之高洁、坚韧与谦逊，被文人墨客赋予了丰富的人格象征意义，成为中华传统文化中一道亮丽的风景线。他们以竹为墨，挥洒出无数赞美竹之美的诗词歌赋与书画作品，字里行间流露出对理想人格的向往与追求。这种将自然之物赋予人性光辉的文化现象，不仅推动了中国文学艺术的蓬勃发展，也深刻地塑造了中华民族的道德观念与行为准则，为人类的认知发展贡献了宝贵的文化财富。

时至今日，竹文化在现代社会中依然焕发着勃勃生机。作为中华传统文化的重要组成部分，竹文化受到了国家与社会的高度重视与保护。同时，随着全球对自然生态与可持续发展问题的日益关注，竹文化所倡导的绿色、低碳、环保理念得到了广泛共鸣与推广。在传承与发展的道路上，竹文化展现出多元化的趋势，通过举办丰富多彩的竹文化节、竹艺术展等活动，竹文化的独特魅力得以广泛传播，吸引了更多人的关注与喜爱。此外，科技创新与产业升级也为竹文化的应用开辟了广阔天地。竹材在建筑、家具、工艺品等领域的广泛应用，不仅实现了竹文化的经济价值，也促进了社会效益的提升。更为重要的是，竹文化与现代设计、旅游、教育等领域的深度融合，构建了独具特色的文化产业链与产业集群，为地方经济的繁荣注入了新的活力与动力。

二、竹文化与情感态度培养

竹，以其挺拔的身姿、翠绿的叶片、空灵的节间，展现出一种超凡脱俗的自然之美。这种美，不仅是视觉上的享受，更是心灵上的触动。在竹文化的熏陶下，人们学会了以审美的眼光去观察自然，去感受竹之美的独特韵味。每当漫步于竹林之中，那清新的空气、悦耳的竹叶声，以及竹影婆娑的景致，都会让人心旷神怡，忘却尘世的烦恼与喧嚣。这种与自然界的亲密接触，不仅有助于培养人们对自然的敬畏之心，更能激发人们对美好生活的热爱与向往，从而形成积极向上、乐观豁达的情感态度。竹之高洁、坚韧、谦逊等品质，自古以来就被人们视为美德的象征。在竹文化的传播过程中，这些品质被赋予了丰富的文化内涵与道德价值，成为人们情感态度的重要参照。高洁，是竹最为人所称道的品质之一。它不畏严寒酷暑，始终保持着青翠的本色，象征着一种超脱世俗、清高自守的精神追求。在竹文化的熏陶下，人们学会了坚守内心的纯净与高尚，不为外界的诱惑所动摇，形成了正直、廉洁的情感态度。这种情感态度不仅有助于个人品德的提升，更能促进社会的和谐与进步。坚韧，是竹的另一大品质。它能在恶劣的环境中顽强生长，展现出一种不屈不挠、勇往直前的精神风貌。在竹文化的启示下，人们学会了在面对困难与挑战时保持坚韧不拔的意志与勇气，形成了乐观向上、积极进取的情感态度，这种情感态度是人们在追求梦想、实现自我价值过程中不可或缺的精神支柱。

在竹文化的引导下，人们学会了尊重他人、虚心求教，形成了谦虚谨慎和善待他人的情感态度，有助于建立良好的人际关系，促进社会的和谐稳定。在快节奏的现代生活中，人们往往面临着巨大的压力与挑战。而竹文化所倡导的高洁、坚韧、谦逊等品质，正是现代社会中人们所亟须的精神食粮。通过传承与弘扬竹文化，可以激发人们的情感共鸣与心灵共鸣，让人们在忙碌与疲惫中找到一份宁静与力量。同时，竹文化也以其独特的魅力吸引着越来越多人的关注与喜爱。无论是文学艺术的创作还是旅游休闲的选择，竹文化都成了人们追求精神享受与文化认同的重要载体，不仅促进了竹文化的传承与发展，也推动了人类情感态度的培养与升华。

三、竹文化与人格心理塑造

在竹的生长历程中，最为人称道的莫过于其坚韧不拔的品格。无论是贫瘠的土壤，还是严寒酷暑的考验，竹子总能以惊人的生命力顽强生长，直至挺拔入云。这种坚韧精神正是人们在面对生活挑战时所需要的重要品质。在竹文化的熏陶下，人们将竹子的坚韧品质内化于心、外化于行，形成了不屈不挠、勇往直前的意志力。在人格心理的塑造过程中，意志力是至关重要的因素。它关乎个体在面对困难与挫折时的态度与行动。一个拥有坚韧意志力的人，能够在逆境中保持冷静与坚定，不断寻找解决问题的方法与途径，而竹文化所传递的坚韧精神，正是对这种意志力的最好诠释与激励。通过学习与领悟竹子的坚韧品质，人们可以更加自信地面对生活中的各种挑战，不断超越自我，实现更高的人生价值。竹之高洁，是其另一大令人瞩目的品质。它不畏世俗的污染，始终保持着青翠的本色与高雅的姿态。这种高洁品质不仅是对自然之美的颂扬，更是对人类高尚道德情操的呼唤。在竹文化的浸润下，人们学会了以竹为镜，反思自己的言行举止，追求内心的纯净与高尚。高尚的道德情操是人格心理的重要组成部分，它关乎个体的品德修养与价值追求。一个拥有高尚道德情操的人，能够自觉抵制各种诱惑与腐败，坚守内心的信念与原则，而竹文化所倡导的高洁品质，正是对这种道德情操的生动体现与积极引导。学习与践行竹文化中的高洁精神，人们可以不断提升自己的道德修养与人格魅力，成为社会的楷模与典范。虽然竹子高大挺拔、枝叶繁茂，但其内部却是中空的。这种"外实内虚"的特点，寓意着一种谦逊低调、虚怀若谷的处世哲学。在竹文化的熏陶下，人们学会了以谦逊之心待人接物，不断汲取他人的长处与智慧，完善自己的性格与能力。谦逊内敛的性格特征是人格心理中不可或缺的一部分，它关乎个体的社交能力与人际关系。一个拥有谦逊性格的人能够尊重他人、善于倾听、乐于分享，从而赢得他人的信任与尊重，而竹文化所蕴含的谦逊精神正是对这种性格特征的最好诠释与培养。通过学习与领悟竹子的谦逊品质，人们可以更加和谐地融入社会群体之中，建立良好的人

际关系网络，为自己的成长与发展创造更加有利的环境与条件。

竹文化与人格心理塑造之间存在着密切的相互作用关系。一方面，竹文化中的坚韧、高洁、谦逊等品质为个体的人格心理塑造提供了正面的引导与激励。通过学习与领悟这些品质的内涵与价值，个体可以不断提升自己的意志力、道德修养，从而形成更加完善与健全的人格结构。这种人格结构的完善与健全不仅有助于个人成长与发展，更有助于社会的和谐与进步。另一方面，个体的人格心理特征也在不断地影响着个体对竹文化的理解与接受程度。不同的人由于成长环境、教育背景、性格特点等方面的差异，对竹文化的理解与接受程度也会有所不同。然而正是这种差异性的存在才使得竹文化在人格心理塑造过程中具有更加广泛而深刻的影响力。通过不断地与竹文化进行互动与交流，个体可以更加深入地理解其内涵与价值，并将其内化为自己的精神追求与行为准则。

第三节　竹文化与课程整合策略

一、竹文化在学科教学中的体现

竹文化作为中国文化的重要组成部分，彰显了中华优秀传统文化的丰厚底蕴，继承了中国文化的包容性，在当下核心素养普遍要求较高的背景下，各学科不再只围绕教材本身展开教学，而是结合实际生活，给予学生更多的启发。将竹文化运用在当代学科教学中，丰富文化课程的教学素材与典型案例，能让学生在课程学习的同时感悟竹之精神，促进中华民族传统文化的传承与发展。

（一）语文教学中的竹文化

作为中华传统文化的重要元素之一，竹子象征着正直、坚韧和不屈不挠的精神品质，它们挺拔的身姿和高雅的风度代表着文人士大夫的高尚品德和修养境界。因此，竹子在文人心中成为一种代表君子风范的形象符号和人格理想，承载着文人对极致人格的追求。在中华传统文化中，有不少吟诵竹子的诗歌与文章，例如，《诗经》中的"绿竹猗猗""绿竹如箦"是说君子仪表堂堂、学识渊博、品行高雅；郑板桥《竹石》中的"千磨万击还坚劲，任尔东西南北风"是在歌颂人们刚正不阿、铁骨铮铮；《竹里馆》中的"独坐幽篁里，弹琴复长啸，深林人不知，明月来相照"描写出一代名士宁静淡泊、高雅绝俗的境界。这些诗歌都被运用在了当代语文教学的课程当中，通过任课老师的引导，发散学生的思维，加深对古诗的理解，传承古人对竹子高风亮节精神的传颂，启发学生要坚韧不拔、蓬勃向上、虚怀若谷，培养学生内在的高尚品德。

（二）历史教学中的竹文化

中国是世界上研究、培育和利用竹子最早的国家，也是世界竹文化的发祥地。我国人民研究和利用竹子的历史可追溯到五六千年前的新石器时代。在出土的甲骨文中，人们能认识的 900 个字中，有 6 个竹部文字。据考证，在我国商代，竹子就已被做成竹简作为书籍使用。"竹报平安""哀丝豪竹""青梅竹马""日上三竿"一类成语的使用，反映了竹子在工农业生产、文化艺术、日常生活等多方面的重要作用。在我国小学、中学、大学历史文化课程教学中，多次出现"竹"的身影。在我国古代，每个朝代都有着对竹子不同的重视。例如，唐代注重竹子的"君子贤人"形象，白居易作《养竹记》赋予竹子"四德"：本固、性直、心空与节贞；宋代文坛领袖苏轼以竹子作为形象表达文人阶层追求高雅的思想境界；至清代，郑板桥的《竹石》加强了对竹子君子形象的赞颂。不同时期下竹文化不同象征意味的表达、不同竹制品的使用，反映了我国古代社会的更迭。通过历史课上对竹文化和竹器物的学习，学生可以更好地了解并传承中华优秀竹文化。

（三）道德与法治教学中的竹文化

竹子除了具有植物美，更富精神气质，也就有了育人的作用。随着中国特色社会主义进入新时代，国家对教育提出了新的要求，应充分发挥竹文化所具有的思政教育潜能，对新时代竹文化的创新进行传承延续，探究竹子"虚心、有节、向上"的特有品性，挖掘竹子坚贞、虚心、刚强坚韧、勇于突破、拔节向上的育人价值，培养坚韧向上、自强不息的时代新人。以竹文化熏陶学生的品德，多地高校已经展开了相关实践，如无锡工艺职业技术学院将思政课堂开在竹林深处，分批组织学生走进竹林，向学生讲述与竹有关的历史事件和人物故事，让学生在聆听竹故事的同时，品味竹文化，感悟竹精神，实现"竹品润泽、培根铸魂"的育人实效。联合开展大中小学思政课一体化建设，积极邀请地方中小学的学生来校体验，把校园竹林打造成"大思政课"实践教学基地，让思政课变得更接地气、更形象、更生动，引导学生将抽象的思想转化为具体行动，让他们更加直观地了解思政课传递的价值观。同时，找准学生的兴趣点和兴奋点，开展一系列别具风格的劳动课，将普通的竹笋烹饪成各种美味佳肴，营造了崇尚劳动、尊重劳动、热爱劳动的育人氛围。

（四）其他学科教学中的竹文化

除了以上三种学科，科学、美术等学科课程中同样蕴含着丰富的竹文化。在当下中小学的科学课上，教师开展有关科技和竹材应用的科普知识学习，让学生了解在现代科技背景融合下竹材的应用，激发他们对竹科学的兴趣。例如，根据不同年级设计不同的活动内容，一年级学生可以利用科学课上学到的科学观察方法，对竹子进行感官观察，通过看竹形、听竹音、触竹感、闻竹味等活动，了解竹、感受竹；二年级学生体验用竹制作摩天轮、竹风车、竹水车、独轮车、竹梯等模型，通过亲身体验让学生了解竹材的特点与可塑性……这些活动有助于学生了解竹子的形态特征与具体用途，同时增强学生的生活常识。在美术课上，美术老师组织学生观摩优秀的竹文化艺术品，并指导他们进行竹文化元素的绘画创作，让学生以艺术的形式感受竹文化的魅力和艺术价值。

二、自然体验类专题课程设计实例

（一）"笋芽儿部落"自然教育系列活动

浙江省湖州市安吉县青少年活动中心开展了"笋芽儿部落"自然教育系列活动——以"竹间有趣事"为主题的竹文化实践活动，通过科普竹子、欣赏竹编艺术、制作竹编风铃去感受竹文化的魅力。围绕竹文化展开的具体活动和培训类型丰富多样。以采摘来的竹叶、竹子作为学习标本，在活动老师的带领下，通过五感识竹，即闻、摸、吹、看、听五种感官认识竹子的形态特征，让同学们在好奇心的驱使下学会分辨竹的种类和形态，并通过聆听活动老师的现场讲解来了解竹子在生长过程中需要的营养条件和环境条件，以及竹在衣、食、住、行中的妙用。同时，老师带领同学们进行竹编风铃的制作，竹编融合了民间工艺和美学价值，承载了丰富的文化内涵和历史记忆，体现了人与自然和谐共生的哲学，是非遗的重要组成部分。在竹编风铃DIY的体验活动中，由老师为每位参与者准备竹编风铃的材料包，并且对竹编风铃工艺进行逐步的拆解、示范与实操教学。通过本次竹文化自然教育活动，同学们能在大自然中快速辨别出竹子这种植物，并通过制作竹编艺术品来提高动手能力、审美能力以及创造能力，在老师的启发之下领悟竹子的高雅品格，培养遇事不怕困难的精神，像竹子一样无论遇到何种磨难仍身骨坚劲！

（二）逢儒小学项目化实践活动——探秘自然，"竹"趣横生

为进一步响应和推进"双减"政策，浙江省的逢儒小学开展项目化"竹文化"课程，利用江南地区独特的竹文化资源，组织同学们走进竹林，开启一场竹林探秘之旅，亲身感受竹的生长环境，了解竹的生长过程，以"竹文化"项目化综合实践活动为载体，让同学们在实践中认识竹、学习竹、了解竹，感受竹的魅力，传承和发扬竹文化精神。

首先，在老师的引导下，同学们走进了郁郁葱葱的竹林，细嗅竹子的清香，感受竹子细腻而坚韧的质感，这种沉浸式的体验方式能进一步培养他们的环保意识和敬畏自然、感激自然的情感。接着，同学们在老师的带领下开展砍伐竹子的实践劳动。他们先在竹林中挑选好粗细均匀的竹子，随后两人一组协同工作。在体验当伐木工的过程中，培养同学们协同劳作的默契和合作能力，同时在锯断竹子的瞬间，感受竹子生长的艰难。这次锯竹子的经历不仅锻炼了同学们的动手能力和团队合作精神，还让他们更加深刻地体会到了劳动的乐趣和价值。然后，利用砍伐的竹子材料进行非遗竹编的制作。复杂的竹编手法对于第一次尝试竹编的同学们来说充满挑战，但在老师的帮助下，他们最终耐心地完成了自己的作品——竹编月亮船。最后，利用新鲜的竹筒制作竹筒饭。同学们分工合作，拾柴生火、清洗糯米、装填食材……经历了一段时间的烹煮，竹筒饭终于烤熟，竹筒中富含的纤维素和矿物质使食物更加美味可口、营养丰富，同学们迫不及待地品尝着这美味佳肴，糯米的香醇、竹子的清香以及食材的鲜美在口中交织，形成了一种难以言喻的美妙滋味。本次实践活动有效融合了科学、文学、劳动、艺术等多个领域的知识，让学生在亲身体验中感悟竹文化的深邃与魅力。通过此次活动同学们不仅锻炼了动手能力，还提升了创造能力和审美能力。

（三）义乌市青少年宫竹文化主题研学活动

由浙江省义乌市青少年宫主办，义乌市青年之家青少年综合服务中心承办的竹文化主题研学活动于 2024 年 7 月顺利举办。

首先，在领队老师的带领下，同学们走进了竹编工作室，这里的每一件作品都透露出对竹文化的深刻理解与传承。同学们亲眼见证了竹编艺术的魅力，感受匠人精神的伟大。在专业手工艺人的指导下，同学们亲自动手尝试竹编技艺，从选材、切割到编织，每一步都充满了挑战与乐趣。在这个过程中，同学们深刻体会到竹文化的内涵与价值。然后到了午餐时间，同学们体验了美味的竹筒饭，这是对竹文化与饮食文化完美融合的深刻体验。饭后同学们深入竹林，漫步在郁郁葱葱的竹海中，学习竹子的生长习性、生态价值以及竹文化在中华传统文化中的重要地位，见证竹子的坚韧与不屈，感受竹文化的深远影响。之后在老师们的带领下，同学们一起用竹子制作漂浮艇，以游戏的形式让同学们在玩乐中体验竹子的特性及功用，并在感受自然的同时加深对竹子的认识与喜爱。通过本次活动，同学们在轻松愉快的氛围中深入了解了竹文化的丰富内涵与独特魅力，同时激发了创造力和动手能力，培养了对中华民族传统文化的热爱与传承意识。

三、艺术人文教育中的竹文化应用

（一）视觉艺术教育中的竹文化

竹作为一种植物，其本身与其他可以提供木材的植物并无二致，同样可以作为木材来使用[1]。二次创作运用的竹编最常见的有竹编器物、竹雕、竹刻、竹椅、竹桌、竹床、竹架等，经过精心的加工与制作，既体现了竹材料赏心悦目的装饰性，也以其质朴自然的特色彰显了独特的文化内涵。在视觉艺术教育中，如色彩教育、绘画技巧、艺术欣赏、创意表达等教育课程，儿童会在老师的引导下动手实践竹元素的活动，通过二次创作视觉呈现竹的形态，如竹画、竹编等，以此建立竹子在儿童心中的形象。在高校相关专业课程中，如视觉传达设计、包装设计、室内艺术设计等专业，会利用平面视觉符号——文字、插图和标志，来传递各种有关竹子的信息。在进行教育与创作的过程中，学生能归纳竹子所代表的精神文化，对所设计的物品进行内涵的升华，达到竹文化育人的效果。

---

① 金亮. 环境艺术设计中竹文化与竹材料的运用研究[J]. 黑河学院学报, 2022, 13(6): 140-142.

（二）音乐教育中的竹文化

乐器是历史与文化的活的载体，是音乐发展的确凿见证。竹乐器已经在中国漫长的历史里浸润了八千年之久，孕育了源远流长的中国音乐艺术，形成了具有独特风格的音乐传统，是我国乐器中最重要的组成部分，也是我国民族音乐文化中不可或缺的重要乐器。中国竹制乐器种类多达两百余种，如"笛""箫""笙""筝""竽"等，地域差异导致音色极为绚烂多彩、个性极强、乐感优美、表现力丰富，在长期的发展过程中形成了多种独特的演奏风格和音乐流派，具有极强、极鲜明的音乐文化特色。江苏省宜兴市徐舍小学召开音乐体验会，在《其多列》轻快活泼的旋律中，巧妙地将宜兴竹文化融入其中，引导学生使用竹筒和竹筷作为简易的课堂乐器，将竹子这一自然元素带入音乐课堂，让学生在亲身实践中感受音乐与自然的和谐共鸣。

（三）竹文化主题的写作与诗歌创作

梅、兰、竹、菊四种植物被誉为"四君子"，在中华传统文化中占据着重要地位。竹子作为中国文学的瑰宝之一，源远流长，历代文人墨客都对其情有独钟，留下了大量的佳作。在古代，竹叶、竹枝、竹笋等元素常常被融入诗、歌、赋、曲等各种文学形式中，表达出人们对自然的热爱和对生活的思考。《离骚》中的"凤凰于飞，翙翙其羽"就借用了竹子的形象来比喻东风。北宋王安石的《竹枝词》通过描绘青竹枝嫩、挺拔、清新、笃实的形象，表达了他当时的政治信念和个人情感。如今，竹文化已经融入写作与诗歌的创作当中，无论是古代还是现代，竹都是中国文学中不可或缺的重要元素之一。在相关高校的文法学院中，汉语言等文学专业也多次组织对竹进行鉴赏诗词写作活动，对竹的深厚内涵进行歌咏。

（四）绘画教育中的竹文化

我国传统绘画艺术自古就非常重视画竹。唐代画竹已形成专门的绘画题材，国画中的墨竹就是唐代创始的，宋代以后画竹更具成就，画竹名家层出不穷。北宋文同开创了"湖州竹派"，被后世人尊为墨竹绘画的鼻祖；大诗人苏轼是画竹的艺术大师，其画作《墨竹图》被称为奇作，能得"富潇洒之姿，逼檀栾之秀，疑风可动，不笋而成"的绰约风姿。苏轼曰："画竹必先得成竹于胸中。""胸有成竹"的绘画理论为千古墨竹画家所趋尚，为传统绘画创作所遵循。清代杰出艺术家"扬州八怪"之一的郑板桥特别喜爱和擅长画竹，他题于竹画的诗也数以百计，丰富多彩，独领风骚。他在《竹石》图的画眉上题诗曰"咬定青山不放松，立根原在破岩中。千磨万击还坚劲，任尔东西南北风"，高度赞扬竹子不畏逆境的秉性。时至今日，在我国相关美术专业教育中，对竹形象的绘画与雕刻屡见不鲜，不少学生都曾画竹、摹竹，体味竹子"千磨万击还坚劲"的高尚情操。

第四章
竹文化的育人理念与价值

第一节　竹品育人的哲学审思

一、竹的虚心品质与人格教育

（一）竹之虚心内涵

竹子作为自然界中的一类独特植物，自古以来便因其独特的生长形态与深邃的内在品质，成为文人雅士笔下赞颂的对象。在众多赞誉之中，虚心这一特质尤为显著，它不仅精准地描绘了竹子自然形态的空灵之美，更被赋予了深远的哲学意蕴与人格教育的价值。虚心二字从字面直译而言，意指心灵无物，不故步自封于既有之见。在竹的具象体现中，这种品质映射为其挺拔的躯干内蕴空灵，摒弃了繁复枝蔓与浓密叶片的张扬，展现出一种简约而含蓄的美学境界，从而成为虚心精神的具象化符号。进一步挖掘其深层含义，虚心实则是一种人生哲学与智慧的高度凝练，它倡导的是一种不自满、不骄矜的人生态度，强调以开放包容的心态去拥抱世界，接纳新知识。这种心态对于个体成长与人格修养的完善具有不可或缺的作用。一个具备虚心品质的人，能够主动倾听他人的声音，汲取多方智慧，持续不断地学习新知识与技能，实现自我超越与提升。

在日新月异的时代背景下，虚心品质的价值越发凸显。随着科学技术的迅猛发展与社会的快速变迁，个体唯有保持对知识的渴望与对进步的追求，方能紧跟时代步伐，不被时代淘汰。而虚心正是激发学习热情、驱动持续进步的内在动力源泉，促使人们不断拓宽视野，深化认知，勇于探索未知领域，实现个人价值与社会贡献的双重提升。

此外，虚心的品质在人际交往中同样发挥着不可估量的作用。在复杂多变的社会关系中，虚心待人往往能够赢得他人的尊重与信任。真诚与谦逊吸引着同样怀抱善意与智慧的朋友，共同构建一个和谐、包容的社交环境。另外，在团队协作中，虚心更是团队精神的基石。团队成员如果保持虚心的态度，就能够更加顺畅地沟通与交流，共同面对挑战与困难。当遇到分歧与争议时，虚心的成员会主动倾听对方的观点，积极寻求共识，而不是固执己见、争强好胜。这样的团队氛围能够激发每个成员的创造力与潜能，促进团队整体的成长与进步。

同时，虚心还蕴含着对自然与生命的敬畏之情。竹子之所以能够生长得如此挺拔坚韧，离不开大自然的滋养与庇护。同样地，人类作为自然界的一部分，也应当以虚心的态度去尊重自然、顺应自然，与万物和谐共生。这种对自然的敬畏之心不仅有助于我们保护生态环境、实现可持续发展，更能够引导我们树立正确的世界观与价值观，追求更高层次的精神境界。

（二）虚心品质在人格教育中的应用

在人格教育体系中，培养学生虚心品质的任务占据着核心地位，其实现路径需从认知层面深刻启迪，使学生全面把握虚心概念的精髓及其在个人成长中的价值。教育者可运用多元化教学策略，诸如讲述蕴含竹子哲学意蕴的典故，或援引古代先贤富含智慧的箴言，以此引领学生深入理解虚心所承载的坚韧与谦逊精神，进而使其认识到培养此品质对个人成长与人格完善的重大意义。除理论传授外，将虚心品质的培养无缝融入日常教学实践同样至关重要。教师应强化对学生倾听能力的训练，倾听不仅是尊重他人的表现，更是虚心精神的直接体现。通过鼓励学生积极听取并思考他人的见解，不仅能够拓宽其认知边界，还能促进其形成开放、包容的思维方式。同时，教师应激励学生正视自身不足，勇于向他人求教，这是虚心品质的又一重要维度。为进一步强化学生的虚心实践体验，教育者应设计并实施合作学习与小组讨论等互动学习活动。此类活动不仅能够提升学生的沟通协作能力，更能在交流碰撞中深化他们对虚心品质的理解与应用。通过这些互动性强的学习模式，学生能够更加直观地感受到虚心在个人成长与人格塑造中的积极作用。此外，课外实践活动也是锤炼学生虚心品质的有效途径。教育者应组织学生参与社区服务、实地考察等实践活动，让学生在真实情境中面对挑战、解决问题，从而深刻体会虚心品质的力量。在这些活动中，学生需保持谦逊态度，积极向他人学习，以寻求最佳解决方案。这一过程不仅能够锻炼学生的问题解决能力，还能进一步巩固其虚心品质。

同时，随着科技的进步，教育者可以巧妙利用信息技术手段，如在线讨论平台、虚拟现实体验等，为虚心品质的培养创造更多元、更生动的学习环境。通过模拟不同情境下的交流互动，让学生在虚拟环境中体验虚心倾听、勇于请教的重要性，既增强了学习的趣味性和互动性，也提高了教育的时效性和覆盖面。此外，家校合作在虚心品质教育中同样不可或缺。学校应与家庭建立紧密的沟通机制，共同关注学生虚心品质的培养，形成教育合力。家长在日常生活中以身作则，展现虚心好学的态度，为孩子树立良好榜样；学校则通过家长会、工作坊等形式，向家长传授科学的教育理念和方法，促进家校教育目标的协同一致。

虚心品质在人格教育领域中占据举足轻重的地位。通过系统化的思想引导、日常教学的深度融合、合作学习与实践活动的综合施策，有效促进学生虚心品质的培养。在此过程中，应持续探索竹之虚心与人格教育的内在耦合性，并优化教学方法，以适应学生的个性化需求与发展变化，确保虚心品质教育的有效性与针对性。同时，关注学生的个体差异与成长轨迹，适时调整教学策略，以充分发挥虚心品质教育在学生全面发展中的积极作用，致力于培养出一批具备虚心精神、勇于挑战、善于学习的杰出青年。

二、竹的坚韧品质与意志培养

（一）竹之坚韧品质内涵

竹子，以其卓越的抗逆境生存能力和内在的精神韧性，广受尊崇。其坚韧性不仅外显于生长环境的多变适应中，即便在最严酷的自然条件下，竹子也能茁壮成长，屹立不倒，内化为其精神内核的坚韧不拔，这种精神成为激励人类勇敢面对生活的艰难险阻、成为勇往直前的精神灯塔。深入剖析竹之坚韧特性，首先需洞察其在生命历程中的具体体现。竹子在生长周期内，无论遭受何种风雨的洗礼，均能保持其笔挺的姿态，直观展现了物理与精神上的双重坚韧。此坚韧不仅指物理结构上的稳固与强韧，更深层次地象征着一种精神上的坚定不移与不屈不挠。因此，竹子在众多文化体系中均被赋予了坚韧精神的象征意义。在塑造人类意志的维度上，竹之坚韧展现出无可替代的价值。当个体面对挑战与困境时，竹所传递的精神力量——坚定的信念与不屈的意志——成为指引前行的灯塔。竹子的坚韧精神能够鼓励人们在逆境中时刻保持冷静，勇于克服一切艰难险阻，最终实现自我价值的升华。从现实生活的视角审视，竹之坚韧提供了深刻的启示。面对生活的重压与挑战，人们能从竹子在风雨中屹立不倒的形象中汲取力量，被这份精神激励着持续前行。同时，在教育领域，竹的坚韧品质也应成为培养学生意志力与抗挫能力的宝贵资源，引导学生如竹般坚韧不拔，以更好地应对人生的风雨。此外，竹之坚韧还与丰富的社会文化紧密相连。在众多传统文化体系中，竹子均被赋予了坚韧不拔、高风亮节的文化内涵，这种文化认同不仅丰富了竹子的文化象征意义，也使得坚韧精神在更广阔的范围内传承与弘扬。因此，应当深入挖掘竹文化中的积极元素，将坚韧精神作为推动个人成长与社会进步的重要精神资源。

此外，竹子的坚韧精神还体现在其生长方式的独特上。不同于其他植物，竹子在最初的几年里，默默扎根于土壤深处，看似毫无动静，实则在为日后的迅猛生长积蓄力量。这种厚积薄发的特质，正是坚韧精神的又一体现。它启示我们，在面对生活的挑战时，不必急于求成，而应像竹子一样，耐心积累，静待时机。同时，竹子的生长过程也充满了对环境的尊重与适应，它教会我们在逆境中寻找生存之道，以灵活多变的策略应对生活的变化。这种智慧与韧性不仅是对自然法则的深刻理解，更是对人类生存哲学的深刻启示。因此，将竹子的坚韧精神融入现代生活与教育之中，不仅能够提升个人的心理素质与适应能力，还能够促进社会的和谐与进步。

竹之坚韧不仅是对其生长特性的生动描绘，更是蕴含深刻人生哲理的精神瑰宝。通过汲取竹子的坚韧精神能够更好地应对生活中的挑战与困境，实现个人的成长与进步。同时，竹之坚韧也为教育、文化等领域提供了宝贵的启示与借鉴价值，值得深入探究与传承。

（二）竹之坚韧品质在意志培养中的应用

在锤炼学生意志力的教育实践中，教师可依托多元化路径，使学生深刻领悟并内化竹之坚韧精神。其中，讲述竹子在逆境中坚韧生长的故事构成了一种高效策略，此类故事能够激发学生的探索兴趣，并引发其对坚韧品质的深度思考。具体而言，通过描绘竹子如何在严寒与风雨交加中屹立不倒的壮丽图景，生动展现其不畏艰难、勇往直前的顽强生命力。同时，借助视频资料等多媒体手段，进一步强化学生对坚韧品质的感知与认同。

在此基础上，教师还应将竹子的坚韧品质与学生的实际生活和学习经历相联结，引导学生进行深入反思。通过组织讨论会等形式，鼓励学生分享自己面对学习难题、生活挫折时如何秉持坚韧精神的故事，从而增进学生对坚韧品质现实意义的理解，并学会在逆境中保持积极向上的心态与行动策略。此外，为切实增强学生的意志力，教育者应设计并实施一系列具有挑战性的任务或项目。这些任务需兼顾趣味性与难度以激发学生的挑战热情，促使其在完成任务的过程中不断克服障碍、挑战自我，从而逐步构建起坚韧不拔的意志品质。此类实践活动不仅能够提升学生的自信心与抗压能力，更为其未来的成长与发展奠定了坚实的基础。为进一步巩固与深化学生对坚韧品质的认识与认同，教育者还应积极策划与坚韧品质相关的主题活动。例如，邀请具有坚韧精神的杰出人士来校进行分享交流，通过他们的亲身经历与感悟，为学生提供鲜活的榜样力量；同时，开展户外拓展训练等实践活动，让学生在亲身体验中深刻感受坚韧品质的力量与价值。这些活动不仅丰富了校园文化的内涵，更为学生提供了在实践中磨砺意志、提升自我的宝贵机会。

坚韧品质在意志力培养中占据举足轻重的地位。教育者应积极探索并实施多样化的教学策略与方法，促进学生对坚韧品质的深刻理解与内化，从而培养出具有坚韧不拔精神与强大意志力的优秀人才。这一过程不仅关乎学生个体的全面发展与成长，更对社会与国家的未来发展具有深远意义。

三、竹的清高品质与廉洁教育

（一）竹之清高内涵

竹之清高特质，超越了对其自然生长状态的简单描绘，它深植于精神层面的象征意义之中。竹子隐居山林，不参与世俗繁华的竞逐，不陷于喧嚣的鸟鸣虫唱，却以独特的姿态彰显出一种超脱尘世的清逸与高洁，这恰与古代先贤所崇尚的"出淤泥而不染，濯清涟而不妖"之高尚情操相契合。在廉洁文化的培育与传播中，竹之清高品质蕴含了丰富的教育启示。首先，它强调保持道德情操的纯粹性，告诫人们在复杂多变的社会环境中，应如竹子般坚定不移地守护内心的道德高地，不为外界诱惑所侵扰。其次，竹清廉自守、不事张扬的作风为人们树立了行为典范，提示人们在工作与生活中应秉持低调务实、不慕虚荣的态度（图4-1）。

进言之，竹之清高还启示维护心灵的纯净与正直。在利益与权力的诱惑面前，人们当效仿竹子，坚守内心的正义与良知，不为外物所动，这不仅是对个人品行的严格要求，更是对社会风气的积极贡献。因为，一个崇尚廉洁、道德高尚的社会环境，能够激发人们的创造力与进取心，促进社会的和谐与进步。因此，在廉洁教育的实践中，应当深入剖析竹之清高品质的精神内涵与价值导向，将其融入教育内容之中。通过讲述竹子的故事、赏析竹题材的艺术作品、研读咏竹的诗词歌赋等多元方式，学生能深刻体会竹子的清高气质与廉洁精神。同时，鼓励学生将这一精神内化于心、外化于行，使之成为他们人格成长与道德塑造的重要指引。此外，竹之清高更是一种超脱于世俗喧嚣的生活态度，它倡导的是内心的宁静与淡泊。在快节奏、高压力的现代生活中，人们往往为各种欲望和纷扰所困，以致迷失自我。而竹子的清高气质则像一股清流，提醒我们要时刻保持清醒的头脑，不为外界的浮华所迷惑。再者，竹之清高还蕴含着对自然和生命的敬畏与尊重。竹子以其独特的生长方式和生命哲学，展现了自然界的神奇与伟大。因此，将竹之清高品质融入廉洁教育之中，不仅是对个人品德的塑造，更是对整个社会风气的净化与提升。

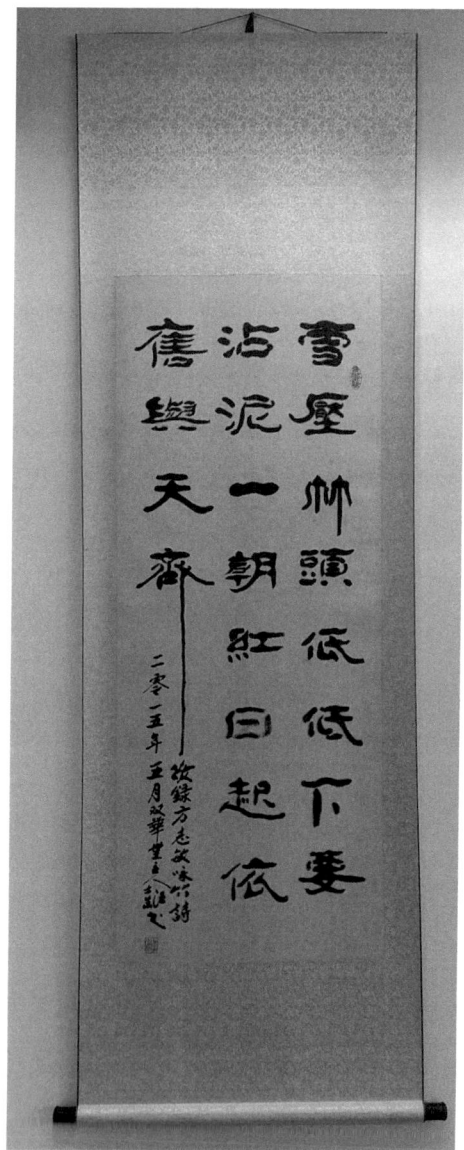

图 4-1　咏竹诗（摄于浙江农林大学竹韵棠）

面对现代社会的物质诱惑与文化冲击，人们的价值观念正经历着深刻的变革。然而，无论时代如何变迁，坚守清正廉洁的作风与高尚的道德情操，始终是社会进步的基石与个体成长的保障。因此，深入挖掘与弘扬竹之清高品质，不仅为廉洁教育注入了新的活力与深度，更为引导社会成员走向正直、廉洁的人生道路提供了有力的精神支撑。

（二）竹之清高品质在廉洁教育中的应用

在廉洁教育的实施过程中，竹所展现的清高品质不仅作为崇高的精神图腾存在，更构成了极为珍贵的教育素材。教师可通过深度剖析这一品质的多重维度，策划出既具创意又富含启迪性的教学活动，引导学生树立起稳固而清晰的廉洁价值观。为了使学生能够更加直观且深刻地领悟竹之清高的精髓，教师可策划实地探访竹林的教学活动。在这样的环境中，学生能够亲身体验竹子的傲然挺立与不屈不挠，观察其在复杂多变的自然条件下如何保持内在的纯净与独立。此类实践活动无疑将极大地加深学生对清高概念的理解与共鸣。此外，邀请廉洁典范或学术权威莅临校园，与学生开展面对面的交流分享，也是廉洁教育中的一大亮点。他们通过对个人经历与深刻见解的分享，为学生们诠释了清高的实质内涵，并展示了如何在现实生活中坚守这一高尚品质。此类讲座与交流活动不仅能够激发学生的探索热情，还能为他们树立可亲可敬的榜样形象，从而提供强大的精神动力。除上述方法外，教师还可利用主题班会、演讲比赛等多元化教育形式，进一步加深学生对清高品质的认识与理解。例如，可以围绕"竹之清高与廉洁之道"这个主题组织演讲比赛，鼓励学生从多个视角出发，阐述自己对廉洁的独到见解与不懈追求。此类活动不仅能够锻炼学生的口头表达与逻辑思维能力，还能在无形中强化廉洁教育的渗透力。在运用竹之清高品质进行廉洁教育时，教师还需遵循因材施教与循序渐进的教育原则。针对不同年龄段与认知水平的学生群体，教师应灵活调整教学策略与活动内容，确保每位学生都能在适合自己的学习节奏中取得成长与进步。

竹之清高品质在廉洁教育领域展现出了广泛而深远的应用价值。通过不断创新教学方法与丰富教育形式，教师能够有效引导学生深入理解并践行这一高尚品质，为社会培养出更多具备高尚道德情操与清正廉洁作风的杰出人才。

第二节　竹文化与教育目标的融合

一、竹文化与全面发展的教育理念

（一）竹文化的教育价值

竹文化蕴含着重要的教育意义，体现在德育、智育、体育、美育和劳育等多个方面。首先，它有助于培养学生的品德修养，引领他们在追寻竹之精神境界时树立正确的价值观和人生观。其次，竹文化能够激发学生的创新思维，从竹艺创作等活动中锻炼学生的想象力和创造力。此外，竹文化还能提升学生的审美能力，在欣赏竹的艺术之美中感悟美、欣赏美。开发和实施"竹文化"美术特色课程具有提升教师教科研能力、发展学生美术核心素养、打造学校特色品牌等现实意义，应遵循与新时代美育要求融合、与学校办学理念吻合、与发展学生核心素养契合、与当前的教材境况结合的原则进行课程开发，采取挖掘整合现有资源、探索有效教学方法、打造"竹文化"美术优质课堂等策略推进课程实施。

1. 德育价值

启发高尚品格：竹在中华传统文化中象征正直、谦虚和坚韧等美德。通过竹文化的启蒙，引导学子学习这些优良品质，培养高尚道德情操和优异行为习惯。例如，学习竹子在未见天日前固守节操和在云霄之上仍怀谦逊的心态。

强化责任感：竹子的成长必须经历风雨洗礼和时光磨砺，这象征着生命成长亦需付出和担当。通过竹文化启迪，培养学生的责任心与担当精神，使他们明了唯有恒心努力和奋斗，才能如竹般茁壮成长。

2. 智育价值

拓宽学识视野：竹文化涉及生物学、历史学、文学和艺术等多个领域。通过竹文化学习，学生可开阔知识视野，了解竹子的成长特性、历史由来、文化内涵以及实用价值等方面的知识。

提升思维能力：竹文化启蒙过程也是思维训练之旅。例如，在竹编、竹雕实践中，学子需运用创新思维和动手能力完成作品；在赏析诗词歌赋时，学生需用批判性思维理解作品的深层哲理。

3. 体育价值

增强身体素质：竹的柔韧与坚固性使其成为制作体育器材的理想选择。通过参与与竹文化相关的体育活动，如竹板操、抖空竹等，学生能够锻炼身体、提升身体素质，同时培养出对运动的兴趣和习惯。

培养集体协作精神：在体育活动中，学生必须相互协作，共同达成目标。这种团队合作精神的培养也是竹文化教育的重要价值之一。

4. 美育价值

竹子是绘画、音乐、舞蹈等艺术形式中常见的主题，在中国画中，竹子常常作为表现高洁品格的题材。通过欣赏和创作竹画，提高学生审美能力，培养艺术修养。此外，竹子制成的乐器如竹笛、竹箫等，其音色清脆悠扬，能够净化心灵。通过学习和演奏这些乐器，学生不仅能够掌握音乐技能，还能在音乐中感受到竹文化的独特韵味。

5. 劳育价值

激发劳动意识：通过实际参与竹子种植、护理和收割等工作，学生得以亲身感受劳动的辛勤和乐趣，加强了对劳动的认知，培养了劳动能力。

掌握实用技能：在竹文化教育中，学生可以学会竹编、竹雕等实用技艺，这些技能不仅能实用于日常生活，也可能成为学生个人的特长和优势所在。

培养劳动观念：竹文化在劳育中的应用主要体现在培养学生的动手实践能力和劳动观念上。通过参与竹制品的制作活动，如编织竹篮、制作竹笛等，学生不仅能够学习传统技艺，还能体会到劳动的价值和创造的快乐。此外，学生通过参与竹林的管理和维护，如挖笋、修剪等，能够培养其劳动习惯和尊重自然的态度。

（二）全面发展的教育理念

1. 全面发展教育的内涵

全面发展教育旨在推动受教育者全面、充分、自由和协调统一的身心发展；强调通过教育者传授知识、技能、思想以及道德观念，实现受教育者的综合发展目标；不仅注重学术成就，更关注学生的身心健康、道德修养、实践和创新能力等各方面的培养，具有全体性、全面性、主动性、和谐性四个特点。

全体性：全面发展教育强调普及和公平，要求教育覆盖每一个学生，确保他们都有机会实现个人发展。这意味着在教育过程中应尊重每个学生的独特之处，为其提供适合发展的资源和机会。

全面性：全面发展教育看重受教育者所有潜在发展的可能性，涵盖但不限于品德、智力、体能、美感和劳动等各方面。这些元素相互交织、相辅相成，构建了全方位的个体发展体系。

主动性：全面发展教育鼓励学生积极主动地参与学习，激发其内在学习动力。教育应尊重学生的个性和兴趣，让他们自主制定并实现个人发展目标。这种主动性不仅在学习过程中体现，在自我管理和自我约束方面也同样重要。

和谐性：全面发展教育注重身心的和谐统一发展，关注学生的心理和情感健康，创造和谐、积极、正面的教育氛围。同时，培养学生的社会责任感和公民意识，使他们成为具备道德和责任感的社会一员。

2．全面发展教育的重要性

全面发展教育对个人成长、社会进步和国家发展都具有极其重要的意义。

（1）构筑个人卓越的基石

全面发展教育致力于学生的多元化发展，涵盖德育、智育、体育、艺术与劳动等诸多维度，从而全面提升学生的综合素质与实际能力。这种全方位的成长涵盖了精进的思维策略、创新的探索精神、扎实的实践操作以及人际交往的智慧，为他们未来的学术征途与职业生涯奠定了稳固的基石。

个性化潜能的挖掘：全面发展教育尊重个体的独特性，激励学生沿着自身的兴趣和专长深入发掘，这不仅有助于挖掘他们的内在潜力，而且能培育他们的自信心与成就感，从而更有力地实现自我价值的升华。

身心健康的守护者：全面发展教育视健康为首要之务。通过参与精心设计的体育活动和心理辅导，学生得以拥有强健的体魄和积极的心理素质，以从容应对未来的各种挑战，确保他们在生活与学习的道路上始终充满活力。

（2）驱动社会进步的引擎

高素质人才的摇篮：全面发展教育孕育出众多具备高素质和精湛技艺的精英，他们是科技革新、经济发展的重要驱动力，他们的才华与贡献如同璀璨星辰，点亮并推动社会各领域的繁荣进程。

社会和谐与稳定的维护者：全面发展教育致力于培养学生的道德素养和社会责任感，

进而孕育出积极进取的社会风尚。这种风尚如同黏合剂，能够强化人际关系的和谐，有效缓解社会矛盾，维系社会稳定与繁荣的和谐画卷。

文化传承与创新的传递者：全面发展教育着重于培养学生的文化素养。通过融合传统文化与现代成就，学生可更深入理解并传承民族文化，同时激发创新精神和能力，为文化传承与发展带来新的活力。

（3）国家发展的战略选择

全面发展教育培养学生成为具备创新和实践能力的人才，与国家推进的创新战略相协调。这种教育致力于培养符合国家需求的人才群体，为科技创新和产业升级提供坚实支持。

人力资源强国建设：人力资源是国家的核心竞争力。全面发展教育有助于提升国民整体素质，塑造强大的人力资源优势，为国家发展注入源源不断的力量。

国际竞争力打造：随着全球化发展，国际竞争力越发关键。全面发展教育可以培养学生的跨文化交流技能和国际视野，有助于提升国家的国际竞争实力，包括经济、文化、科技及教育等多个领域。

全面发展教育涉及个人的成长、社会的稳定和进步、经济的发展、心理的健康、道德和价值观的形成、知识的积累和技术的应用，对个人、社会和经济的发展都至关重要。它不仅能够提高个人的生活质量，还有助于建立一个更加公平、稳定和繁荣的社会。全面发展教育可以提高个人的多方面能力，培养出能够适应未来挑战的公民。

（三）竹文化与全面发展教育理念的内在逻辑研究

一是竹文化与全面发展教育理念的历史逻辑。厘清国内竹文化与全面发展教育理念工作战略部署的动态转变过程以及持续演变的发展目标。明晰配套体制机制是推进竹文化与全面发展教育理念融合工作的实践基础、目标指向和精髓要义。

二是竹文化与全面发展教育理念的理论逻辑。以竹文化与全面发展教育理念融合发展脉络为研究基础，明确主体的研究范畴，探究两者内在的深层互动。

三是竹文化与全面发展教育理念的实践逻辑。以时代问题为中心，剖析不同时期的理论融合与实践经验，探索竹文化与全面发展教育理念融合的动力机制、实践路径。

（四）竹文化与全面发展教育理念的融合途径

从多维视角下探究竹文化与全面发展教育理念的融合途径，需要综合考虑课程设置、环境创设、实践活动、人才引进等多个方面，通过不断创新和实践，实现竹文化与全面发展教育理念的深度融合和相互促进。

1. 课程设计及教学内容

授以竹文化相关课程，包括竹编、竹艺和竹文化欣赏等，使学生亲身体验竹文化的迷人魅力。同时融入各学科教学，在语文、历史、美术和体育等科目中融入竹文化元素，例如，通过学习竹诗词，深入了解竹文化的源远流长；通过创作竹画，培养学生的审美情操。福建省建瓯市竹海学校依托当地素有"中国竹子之乡"的地域优势，以竹文化为基础，结合当地人文资源，打造独特的"校园笋竹文化"育人氛围，将学校精神和竹的品格有机结合，使学校的师生能够得到充分发展，从而使学生在语文实践活动中、语言运用情境中落实语文核心素养，培养文化自信，成为"文明使者"中的一员[①]。

2. 环境创设

营造竹文化氛围，在校园中开辟一片竹林，让学生亲身感受竹的生长过程。竹林不仅可以美化校园环境，还能为学生提供一个亲近自然、放松身心的场所，学生可以在竹林中观察竹子的形态、结构和生长习性，了解竹子的生态价值。竹林也可以成为学生进行户外活动和实践教学的场地，如美术写生、自然观察等。利用竹子的形态和特点，打造具有竹文化特色的校园景观。可以在校园的角落、花园、庭院等地设置竹制雕塑、亭台楼阁、小桥流水等景观，营造出一种宁静、幽雅的氛围，这些竹景观不仅可以增加校园的文化底蕴，还能激发学生的审美情趣和创造力。在校园中布置竹主题花园，种植各种不同品种的竹子，并搭配其他花卉、绿植，形成一个丰富多彩的生态景观。在花园中设置介绍竹文化的标识牌、展板等，让学生在欣赏美景的同时，了解竹文化的历史、内涵和价值。花园还可以成为学生进行科学探究和劳动实践的基地，如观察植物生长、进行花卉种植等。

在校园的走廊、楼梯间等建设竹文化长廊，展示竹文化的相关内容。如悬挂竹画、书法作品、诗词歌赋等，让学生在日常行走中感受竹文化的魅力。长廊中还可以设置互

---

① 吴传美. 依托校园笋竹文化，落实语文核心素养[J]. 新课程导学，2023(31): 95-98.

动区域，如竹文化知识问答、竹工艺品制作展示等，激发学生的学习兴趣和参与热情。在学校中开设专门的竹文化教室，配备竹制的桌椅、书架、装饰品等，营造出一种浓厚的竹文化氛围。在竹文化教室中，可以开展竹文化主题的教学活动，如竹编、竹刻、竹笛演奏等，让学生亲身体验竹文化的艺术魅力。竹文化教室也可以作为学生进行自主学习和交流的场所。

在教室的墙壁上布置竹文化墙，展示竹文化的相关内容。可以张贴竹画、书法作品、竹文化名言警句等，让学生在课堂中随时感受到竹文化的熏陶；竹文化墙还可以设置学生作品展示区域，展示学生在竹文化主题活动中的优秀作品，激发学生的学习积极性和自信心。在教室里摆放一些竹制的教具，如竹算盘、竹直尺、竹笔等，让学生在学习中接触和使用竹制品，了解竹文化的实用价值。同时，竹制教具也可以增加教室的文化氛围，让学生感受到传统文化与现代教育的融合。杭州市余杭区塘栖镇第二中心小学用百余种竹装点校园，庭院中，孝顺竹、菲白竹交相错杂、郁郁葱葱，学生徜徉其中，潜移默化地接受竹文化的熏陶。

3. 实践活动及体验

组织竹文化研学之旅，带领学生参观竹编工坊、竹林景区等，了解竹子的生长环境、加工工艺和文化内涵。推行竹文化志愿服务，如参与竹林保护、传承竹编技艺等志愿服务活动，培养学生的社会责任感和奉献精神。以四川省崇州市崇庆中学附属初中为例，该校结合 STEAM 教育理念，将当地非遗——"道明竹编"引入课堂，以"竹子变形记"为主题开展项目式学习。通过实地调研、背景调研、市场调研等环节，学生不仅掌握了竹编技艺，还锻炼了沟通能力、协作能力和创新能力。这种将竹文化与 STEAM 教育理念相结合的教学模式，为竹文化与全面发展教育理念的融合提供了有益的借鉴和启示。

（五）竹文化与全面发展教育理念融合所面临的困境

1. 教育资源分配不均

在一些经济欠发达地区，教育资源的分配可能存在不均衡现象。学校缺乏足够的资金和设备来支持与竹文化相关的教育活动，建设竹艺工作室、购买竹艺制作工具和材料等举措难以实施，邀请专业的竹文化研究者或工匠举办讲座或指导也面临较大困难。

2. 课程体系缺乏系统性

目前，在融合竹文化与教育方面，主要以零散的活动或选修课程的形式呈现，尚未形成完整连贯的课程体系。这种情况导致学生对竹文化的学习缺乏深度和系统性，难以全面理解竹文化的内涵和价值。

3. 教育评价体系的限制

现行的教育评价体系主要侧重于考试成绩，对学生在竹文化学习中的综合素质和能力评价不足，导致学校和教师在推进竹文化教育方面缺乏动力。

4. 缺乏科学系统融合机制

竹文化与全面发展教育理念融合需要一个系统性的战略规划，明确长期和短期的目标、任务、措施和资源配置。然而，目前一些地方和部门在制定相关规划时，可能存在缺乏全局视野、规划内容不全面等问题，反映出战略规划的系统性和科学性有待加强。

二、竹文化在素质教育中的体现

（一）素质教育的目标与要求

1. 素质教育的核心概念

从国家首次提出素质教育的概念到逐步落实再到全面深入，素质教育已然成为教育发展的必然趋势，同时也为培养全能型人才奠定重要基础[①]。素质教育旨在提高受教育者的综合素质，注重塑造其思想品德、能力水平、个性发展、健康状态和心理健康。它强调要激发学生的创新意识和实践技能，促进他们全面成长，使他们在道德修养、智力发展、体魄健全、审美情怀、劳动技能等方面实现全面的提升。与传统的应试教育侧重传授知识和考试成绩不同，素质教育更注重培养学生适应社会和终身发展的品格与能力。在素质教育中，不仅要重视知识和技能的学习，还要关注学生的社会责任感、创新思维、交流协作、审美情趣等多元能力的塑造。素质教育可以使受教育者拥有卓越的人文素养、科学精神、自主学习能力和积极的人生态度，从而使他们更好地适应未来社会的变迁，发现个人潜能，为社会进步贡献力量。

2. 素质教育的意义

（1）促进个人的全面发展

激发个人潜能与兴趣：素质教育旨在鼓励每个学生根据个人兴趣及特长来主动进行

学习。学生不再像传统教育模式那样被动地接受知识，被束缚在一个框架之内，而是不再拘泥于单一的学科成绩，摆脱成绩决定论的落后思想，主动探索和学习符合个人特长的知识，找到最适合自己的未来发展方向，激发内在潜能，在未来成为一名复合型人才。

提升综合素质与自理能力：素质教育通过多样化的课程设置和实践活动，能够全方位促进学生综合素质的培养。传统的应试教育主要培养学生的智力，对于智力之外的德育、美育、体育、劳育则较为忽视，这就导致在应试教育培养下的学生发展不够全面，很多人成为只会做题的书呆子，进入社会之后也出现了部分学生没有自理能力的情况。而素质教育能够全面提升学生的道德素养、科学素养、艺术素养以及体育素养，为学生未来的全面发展教育奠定坚实的基础。

培养创新精神与实践能力：素质教育强调探究性和实践性的学习，鼓励学生主动地吸收知识，积极探索未知领域，而传统应试教育则束缚了学生的创新精神。相较之下，素质教育有助于培养学生的创新思维与实践能力，为学生未来的创新创造活动提供有力的支持。

（2）推动社会进步

提升国民素质：在素质教育之下，公民的发展不再局限于智力水平的提高，而是提升整个社会的文化水平和道德水准。素质教育能够让人受到更加全面、更加系统的知识教育，包括艺术、人文、科学等多个领域，能够拓宽人们的知识视野，提高文化素养，丰富人们的精神世界，从而提升整个社会的文化水平，推动社会进步。

促进机会公平：素质教育注重个体差异性和因材施教，有助于缩小教育差异，实现教育公平。在素质教育之下，每个学生都能够得到全方位的发展，教育资源也更加平均。

（3）提升国际竞争力

培养创新型人才：在全球化背景下，国际竞争日益激烈，创新成为国际竞争力的核心要素。素质教育注重培养学生的创新精神以及创新能力，促进人的全方位发展，有助于为国家培养更多的创新型人才。

提升国家软实力：国家的综合实力是由多个方面构成的，其中国家软实力越来越成为影响国际竞争力的重要因素。素质教育强调学术人文素养和综合技能的培养，有助于提高国家的文化软实力，从而扩大国际影响力，增强国家的综合国力。

支撑可持续发展：素质教育倡导绿色、低碳、可持续的生活方式及发展理念，不仅有助于培养学生的环保意识和可持续发展观念，也为国家的可持续发展提供有力的人才保障。

（二）竹文化在素质教育中的具体体现

1．品德教育方面

（1）竹的坚韧与不屈精神对培养学生意志力的影响

竹在恶劣的环境中仍能坚韧地蓬勃生长，展现出顽强不屈的品质，这种精神特质对学生意志品质的培养具有显著影响。

首先，竹的坚韧体现于在逆境和挫折面前，不应轻言放弃。正如竹在风霜中屹立不倒，学生在学习生活中遭遇难题时，也应该保持坚定的信念与积极的态度，努力克服困难。

其次，竹的不屈灵魂激励着学生在逆境中保持顽强。无论是面对学业压力还是人际纠纷，都不得心灰意冷，而应该像竹子一样，果敢迎接生活中的挑战。竹的生长历程漫长且艰辛。这启示学子，成功需要付出持之以恒的努力，绝不能因短暂未见结果而丧失信心。

最后，竹经历寒冬依然能在春天焕发生机，其生命力与韧性能够让学生体会到失败是暂时的，只要坚守意志，就一定有转机。总而言之，竹的坚韧与不屈精神为学生树立了良好的典范，使其在未来的人生道路上能够勇敢地面对各种困难和挑战，坚定地追求自己的目标。

（2）竹的谦逊与正直品质对塑造学生良好品德的作用

竹的谦逊体现在它虽有众多优点和用途，却从不张扬炫耀。这能教导学生在取得成绩时要保持低调和谦逊，不骄傲自满；让学生明白真正的优秀不在于自我吹嘘，而在于内在的积累和不断的进步。谦逊的品德有助于学生以平和的心态对待成功，能够虚心向他人学习，不断完善自己。竹的正直表现在其笔直挺立、不偏不倚。这启示学生在为人处世中要坚守正道，秉持公平、公正的原则，做一个诚实正直的、面对是非对错时能够坚定立场，不随波逐流，不为私利而违背道德和法律。

在人际交往中，拥有正直品质的学生能够真诚待人，建立起相互信任的关系，而谦逊则使他们更易于与他人沟通交流，赢得他人的尊重和友谊。在学业和未来的职业生涯中，正直的品德能确保学生遵循学术规范和职业道德，凭借真才实学取得成就，谦逊则让他们能够接受他人的建议和批评，不断提升自己的能力。

总之，竹的谦逊与正直品质为学生提供了宝贵的品德范本，有助于他们塑造健全的人格，成为有道德、有担当的社会公民。

2. 审美教育方面

（1）竹的形态美对学生美育的培养

竹的形态美首先体现在其修长挺拔的身姿上，其线条简洁流畅，给人一种优雅、高洁的视觉感受。这种自然的形态之美能够培养学生对线条和形态的感知与欣赏能力，提升他们的审美情趣。

竹的竹叶疏密有致，随风摇曳时姿态万千，具有动态的美感。学生通过观察竹的这种动态美，可以锻炼对节奏和韵律的感知，进而在艺术创作中更好地运用这些元素。

（2）以竹为题材的文学、绘画、音乐作品赏析

在文学作品方面，许多文学作品通过对竹的描写来传达深刻的思想情感。例如郑板桥的《竹石》描绘了竹子在艰难环境中仍然坚定生长、不畏风雨的姿态，体现了竹子坚韧不拔的品质。学生在欣赏和理解这样的文学作品时，可以感受到竹子所象征的精神，如坚韧、正直、不屈不挠等，从而培养自己的品德和意志，同时诗歌的语言之美、意境之深能够提升学生的文学素养和审美能力以及欣赏文学艺术的水平。

在绘画作品方面，竹是中国画中常见的题材，画家通过笔墨的运用来展现竹的形态、神韵和气质。一些画家用水墨的浓淡干湿来表现竹的立体感和质感，用简洁而有力的线条勾勒出竹的姿态。以吴镇的墨竹图为例，其作品中的竹子往往具有挺拔、潇洒的姿态，透露出一种清雅、高洁的气息。学生通过欣赏这些绘画作品，可以学习到中国画的笔墨技巧和构图方法，提高对线条、色彩、构图等美术元素的感知和运用能力，同时还可以从画中感受到竹子所代表的君子之风，体会画家通过竹子所表达的情感和思想，培养自身的审美情趣和艺术鉴赏力。

在音乐作品方面，虽然直接以竹为主题的音乐作品相对较少，但一些与自然、宁静相关的音乐可能会让人联想到竹子所生长的清幽环境。例如，用竹笛演奏的乐曲，其悠扬的声音能够营造出一种宁静、悠远的氛围，使学生在欣赏音乐的过程中放松心情，培养对音乐的感受力和想象力。

3. 创新思维培养方面

（1）竹材料的多样性与创新应用启发学生的创造力

竹材料的形态及构成多种多样。它有不同的直径、长度和壁厚，这为学生提供了丰

富的创作素材。学生可以根据竹材的形态特点，将其加工成各种形状和结构，如制作竹制的家具、摆件、玩具等。

竹材料在功能上具有多样性。它既可以作为结构材料用于搭建建筑模型，也可以作为装饰材料用于美化环境。学生在探索竹材料的不同功能时，能够激发创新思维，尝试将其应用于解决实际问题。

在创新应用方面，竹材料可用于制作环保的生活用品，如竹制牙刷、餐具等，可以培养学生的环保意识和创新设计能力。

（2）从竹的生长规律中领悟思维方式

竹子在生长初期，其竹鞭慢慢延伸、扎根，积蓄力量。这启示我们在成长过程中，要注重前期的积累和准备，如同竹子的竹鞭在不为人知的土壤中拓展根基，我们也需要在任务开始前广泛学习相关知识，深入研究问题，为后续的突破打下坚实基础。

竹子的生长速度在后期极为迅速。这告诉我们，创新有时需要经历一个潜伏期，当积累达到一定程度，突破可能会在短时间内爆发。我们要有耐心等待合适的时机，坚持不懈地努力，相信积累的力量终会带来显著的成果。

竹子在生长过程中能够适应不同的环境条件，通过调整和变化自身来生存发展。这启示我们在成长中要具备灵活性和适应性，能够根据外部环境的变化和挑战，及时调整创新思路和方法，以适应新的需求和情况。

4. 实践能力培养方面

竹艺制作要求学生亲自动手操作工具，如锯子、刀具、钻孔器等，这有助于提高学生的手部精细动作控制能力。在处理竹子的过程中，学生需要准确地切割、打磨、拼接，每一个动作都需要精细地协调和控制，从而逐渐提升手部的灵活性和准确性。

竹艺制作通常需要按照一定的设计和步骤进行，这促使学生学会规划和组织自己的行动。从最初的设计构思到材料准备、分步制作，再到最后的调整完善，整个过程锻炼了学生的逻辑思维和顺序安排能力。

三、竹文化与核心素养的培养

1. 融入学科教学

在语文课程中引入竹文化的相关诗文、成语和故事，如白居易的《养竹记》、郑板桥的《竹石》等，通过诵读、解析和讨论，让学生感受竹子的高尚品质和精神风貌，同时不局限于让学生背诵相关文章，最重要的是让学生理解竹背后所蕴含的文化。

在美术课程中开展以"竹韵"为主题的美术教学，组织学生绘制竹子、制作竹编工艺品等，培养学生的审美情趣和动手能力。同时，可以举办竹文化美术展览，发挥每个学生的创造力，展示学生的优秀作品。

在科学课程中介绍竹子的生长习性、生态价值和科学应用等方面的知识，引导学生观察竹子、研究竹子、种植竹子，亲身体验竹子的生长，培养他们的科学探索精神和环保意识。

2．开展竹文化主题活动

定期举办竹文化节等相关活动，包括竹文化讲座、竹艺表演、竹文化展览等内容。通过丰富多彩的活动形式，让学生深入了解和体会竹文化的魅力。

成立竹文化社团或兴趣小组，开展竹文化学习、创作和交流活动。社团可以定期举办社团活动日、户外采风等活动，以丰富学生的课余生活。

结合竹文化开展志愿服务活动，鼓励学生参与竹林保护、竹文化宣传等志愿服务项目，通过实践活动培养学生的社会责任感和奉献精神。

3．家校合作共育

邀请家长参与竹文化教育活动，共同关注孩子的成长和发展。家长可以陪伴孩子一起制作竹编工艺品、阅读竹文化书籍等，不仅能够提升亲子关系，还能够让学生感受到竹文化的熏陶。与当地社区、文化机构等建立合作关系，共同开展竹文化教育活动。可以组织社区居民和学生家长一起参与竹文化讲座、竹艺展示等活动，扩大竹文化的影响力。

4．挑战与展望

所面临的挑战：

（1）认知与理解层面的挑战。部分教育工作者和家长可能更注重传统学科知识的教学，对竹文化等传统文化在素质教育中的作用认识不足，可能认为其是"额外负担"，从而影响推广效果。

（2）资源与支持层面的挑战。竹文化教育资源相对匮乏，存在教材、教具、师资等方面的不足，这可能导致在推广过程中难以提供丰富多样的教学材料和活动，进而影响学生的学习兴趣和效果。

（3）实施与操作层面的挑战。将竹文化融入现有课程体系需要一定的课程整合能力。

教师需要找到竹文化与各学科知识的结合点，设计合理的教学活动和评估方式，然而这对于部分教师来说可能是一个挑战，需要投入大量的时间和精力进行研究和准备。

（4）效果评估与反馈层面的挑战。推广竹文化的效果评估标准不明确或难以量化。这可能导致在评估过程中难以准确判断推广工作的成效和存在的问题，从而影响后续工作的改进和优化。同时，一些地区或学校缺乏健全的反馈机制，导致学生的意见和建议难以及时反馈给教育工作者和管理者，影响推广工作的针对性和有效性。

展望：

（1）课程体系的完善与创新。未来，竹文化与核心素养的融合将更加深入，课程体系将更加完善，将竹文化融入语文、数学、科学、艺术等多个学科中，实现跨学科学习。例如，在语文课上，学生可以通过阅读与竹子相关的文学作品，了解竹子的文化内涵和艺术价值；在数学课上，学生可以通过测量竹子的高度、直径等数据，学习几何知识和数据分析方法；在科学课上，学生可以通过观察竹子的生长过程，了解植物的生长规律和生态环保知识；在艺术课上，学生可以通过绘画、音乐、舞蹈等形式，表达对竹子的审美感受和艺术创作。

（2）实践活动的丰富与拓展。除了课程体系的完善，实践活动也将更加丰富多样。学校可以组织学生参观竹林、种植竹子、制作竹制品等实践活动，让学生亲身体验竹子的生长过程和制作工艺，培养学生的动手实践能力和创新思维。学校还可以利用竹子的物理特性开展科技创新活动，如制作竹结构模型、竹制机器人等，激发学生的创新思维和实践能力。通过这些实践活动，学生不仅能够学习知识和技能，还能体会到劳动的价值和创造的快乐。

（3）校园文化的建设与推广。校园文化是学校教育的重要组成部分，也是德育体系中亟待加强的重要方面。未来，学校将更加重视校园文化的建设与推广，以竹文化为引领，打造"竹韵"校园环境。学校可以在校园内种植各种竹子，营造幽雅的校园环境；可以在教学楼、图书馆等场所布置与竹子相关的艺术品和文化作品，营造浓厚的文化氛围；还可以举办竹文化节、竹艺术展等活动，让学生深入了解竹文化的内涵和价值。通过这些措施，学校可以让学生在潜移默化中受到竹文化的熏陶和影响，培养学生的审美情趣、人文素养和道德品质。

（4）创新人才引用机制，壮大文化遗产保护相关人才队伍，为竹文化与全面发展教育理念的融合提供坚强人才支撑。推进竹文化基地建设，扩宽专业人才引进空间。依托数字孪生技术，对竹文化相关档案进行数字精准画像；创新竹文化与全面发展教育理念融合基地建设，形成多平台联动发展格局。搭建发展平台，扩展人才发展空间。通过高校合作，组织交流会议、建立项目合作，促进人才之间的交流。同时改革现有人才评价机制。建立以品德、能力和业绩为导向的评价体系，更加注重人才的创新能力和实际贡献。

第三节 竹文化在现代教育中的实践意义

竹，作为华夏大地由来已久的传统植物，自古以来便与中华儿女的生活、生产息息相关，其承载着净化空气、调节气候、防风固沙、保持水土等生态功能，蕴含着谦逊虚心、坚韧不拔、高风亮节等深厚的文化内涵。在历史的长河中，竹因其独特的生长习性、形态特征及广泛的用途，逐渐被赋予了丰富的象征意义和人文精神，从而形成了独具特色的中华优秀传统文化之一——竹文化。竹文化在发展进程中，不断体现着中华民族对原始自然的敬畏以及对人与自然和谐共生的期盼，而其中所蕴含的深邃哲学思想与道德观念，顺理成章地成了中华优秀传统文化的重要组成部分。

其中，竹文化的多元育人理念与价值源远流长、博大精深。它不仅是一种优质物质文化的呈现，更表现为一种伟大精神文化的传承。在人格培育、意志培养、廉洁教育等方面的个人品德塑造上，竹文化倡导作为个人修养重要基石的谦逊有礼、百折不挠、无私奉献等传统美德。例如，竹子的空心象征虚心，节节高升寓意不断进步，屹立不倒则展现出顽强生命力，竹子的独有特性被用来教育人们保持谦逊、不断进取、迎难而上。

在现代教育中，竹文化的实践意义更为凸显，在竹文化这一传统文化象征的基础上，赋予了其新时代的深刻内涵与教育价值。通过竹文化的传承、创新、教育，莘莘学子能够深入认识、了解中华民族的历史渊源、文化特色与精神追求，从而增强对本土文化的认同感、对中华民族的自豪感以及对现实社会的责任感。此外，竹文化还蕴含着丰富的美学资源，其独特的艺术魅力和审美情趣有效培养了学生的审美情趣与创新能力。在现代设计、建筑、工艺等艺术领域，竹子的应用也日益广泛，为众多学生提供了有机结合传统文化与现代科技的实践机遇，以激发自身的创新思维，提高审美能力。

一、 促进文化认同，筑牢民族自信

在当今全球化的时代背景下，文化的多样性、复杂性、交融性渐趋显著。全球化无情地侵占和挤压着国家及民族的发展空间，尤其是侵占和挤压着民族传统文化的发展空间，从而使各民族国家面临着认同危机①。因此，本土优秀传统文化的传承与发展显得尤为重要。竹文化作为中华优秀传统文化的关键组成部分，蕴藏着无穷的生态价值、文化内涵与人文精神。在现代教育中，竹文化的实践意义凸显，其在促进文化认同、筑牢民族自信方面发挥着不可替代的作用。

一方面，将竹文化运用于育人工作有助于促进文化认同。竹文化不仅是中华民族的文化瑰宝，更是民族认同的重要载体。习近平总书记指出："文化认同是最深层次的认同，是民族团结之根、民族和睦之魂。"②文化认同是个体或群体在特定文化背景中形成的归属感与认同感，是维系社会团结与稳定的重要纽带。竹文化见证了中华民族的历史变迁与赓续演进，对于自立于世界民族之林的中华民族而言，其物质文化与精神文化已深深融入民族血脉之中。从竹简到竹编，从竹林七贤到竹画艺术，竹文化以其独特的形式记录着中华民族的历史变迁与文化进路。竹简作为古代书写的主要材料之一，是中华古代文明的见证；竹编技艺体现了古人对自然资源的智慧利用和精湛工艺；竹林七贤以其高洁风骨、卓越才华，成为中国文化史上的风云人物；竹画艺术则展示了竹子在艺术创作中的独特表现力。竹文化所蕴含的哲学思想和道德观念能够积极引导学生形成正确、合理的价值观，激发青年学生对自身文化身份的认同和自豪。在现代教育中，借助课堂教学、课外活动、文化展示等形式，宣传、发扬竹文化优势。例如，组织设计竹文化主题的讲座和展览，引导学生直观接触竹文化的多元表现形式，了解竹文化在历史上的重要地位；开设竹编和竹画等实践课程，让学生在动手操作中感受竹文化的魅力（图4-2）。因此，大力推动竹文化的传承与学习，让学生深入了解中华民族的历史渊源与文化特色，并激发青年自身的文化自信、文化自强，从而增强其对本土文化的认同感，积极传承发扬这一宝贵的文化遗产，为实现中华民族伟大复兴贡献青春力量。总之，将竹文化融入育人工作，是促进文化认同的重要途径，是一项关乎国家未来、民族希望的长期战略任务。

---

① 崔新建. 文化认同及其根源[J]. 北京师范大学学报(社会科学版), 2004(4): 102-104, 107.
② 习近平著作选读(第一卷)[M]. 北京: 人民出版社, 2023.

图 4-2　竹韵堂馆内（摄于浙江农林大学竹韵堂）

　　另一方面，将竹文化运用于育人工作有助于深层次筑牢民族自信。民族自信作为民族凝聚力和创造力的不竭源泉，它体现了一个民族在面对外部世界的各种挑战和机遇时，所展现出的内在坚韧与历史积淀，是在长期的历史发展过程中逐渐形成的对自身文化、核心价值观以及未来发展前景的坚定信念与深切自豪感。2016 年 7 月 1 日，习近平总书记在庆祝中国共产党成立 95 周年大会上明确指出：当今世界，要说哪个政党、哪个国家、哪个民族能够自信的话，那中国共产党、中华人民共和国、中华民族是最有理由自信的[①]。竹文化作为中华民族的独特文化遗产，在强化民族自信方面发挥着不可替代的作用。竹子，以其坚韧不拔、虚怀若谷、四季常青的特性，被赋予了诸多美好的象征意义，成为中华民族精神的重要载体。在竹文化的教育实践中，学生能够在认知和情感上双重感知中华民族的特殊价值，进而更加坚定地维护与发扬民族文化，自信地面对未来的挑战和机遇。具体而言，在现代教育体系中，构建以竹文化为主题的课程体系，无疑是实现这

---

① 习近平谈治国理政(第二卷)[M]. 北京: 外文出版社, 2017.

一目标的有效途径，我们需要将竹文化的历史渊源、文化内涵、象征意义、人文精神等内容全面纳入课程体系，并加以试点和推广，使这些内容深入人心。通过精心设计的课程内容和生动有趣的实践活动，学生既收获了竹文化全面而深入的相关知识，更能在心灵深处种下民族自信的种子，让竹文化的教育真正走进校园、走进课堂、走进每一位学生的心中，培养出既有深厚文化底蕴又具备国际视野的新时代青年，为中华民族伟大复兴贡献力量。

二、弘扬传统美德，增强社会责任感

在浩瀚的历史长河中，中华民族形成了丰富多彩、博大精深的传统美德。这些美好品德如同璀璨的星辰，照亮了华夏儿女的心灵，成为我们民族精神的基石。在当今社会，弘扬传统美德既是对历史的传承，也是对现实的回应，更是对未来的担当；增强社会责任感是每一位青年学生在新时代背景下应有的使命和追求。竹文化蕴含的谦逊有礼、坚韧不拔、无私奉献等传统美德，深深影响着我们。在现代教育中，将竹文化融入德育体系，可以有效弘扬传统美德、增强社会责任感，引导学生树立正确的价值观和人生观。

一方面，科学地结合竹文化与教育事业有助于弘扬传统美德。竹文化与传统美德如影随形，二者之间存在着深度契合，共同构筑了华夏文明的独特风貌。竹作为自然的馈赠，承载着的生态价值、文化意蕴和道德象征不言而喻；而传统美德则是中华民族在漫长岁月中积淀形成的优秀道德品质和行为规范，包括仁爱孝悌、谦和好礼、诚信知报、精忠爱国、克己奉公、修己慎独、见利思义、勤俭廉政、笃实宽厚、勇毅力行等诸多方面，是维系社会和谐、推动国家发展的重要精神支柱。鉴于此，竹子的坚韧不拔、虚怀若谷、四季常青等特性，与传统美德中的仁爱、谦和、诚信、勤俭等品质有着深厚的内在关联。传统的育人模式往往注重知识的传授和技能的培养，而忽视了对学生品德和人文素养的塑造。以竹文化研学课程为例，其目的就是让学生深入了解竹文化并向大众普及竹文化。让竹文化深入生活，为人们的生活带来益处，师生应探索正确的实践方式，让竹文化有效普及[1]。科学结合竹文化与育人工作，有助于加速创新育人模式的发展，将竹文化的精髓和传统美德融入教育过程，使学生在学习知识的同时，也能受到品德和人文素养的熏陶。因地制宜地结合各地学生的实际情况与兴趣所在，量体裁衣地开展竹艺

① 邱宇航. 竹文化研学课程探索与实践[J]. 吕梁教育学院学报, 2022, 39(3): 212-214.

制作、竹文化游园等富有创意和趣味性的教育活动，增强竹文化与教育二者的吸引力和感染力。此外，竹文化育人工作需要相应的基础人才，必须培养具有高尚品德和人文素养的优秀人才，以更好发挥竹文化育人工作的成效，为民族的繁荣和进步做出贡献。因此，加强教师的专业培训和师德建设，培养一批既懂竹文化又擅长教学实践的复合型教育人才，对提升竹文化育人工作的整体水平至关重要。

另一方面，科学结合竹文化与教育事业有助于培养学生的社会责任感。将竹文化这一具有深厚历史底蕴和独特魅力的文化元素融入教育事业，有助于丰富教育内容，培养学生的社会责任感。作为竹文化传承创新理想之地的农林高校，因其农林的特有属性，在竹文化的传承和创新方面有着独特的优势，向来是竹文化传承和创新的理想之所①。因而，农林高校有责任、有义务担负起领头位置，充分发挥自身优势，辐射、帮扶各高校、中学、小学等教育单位，将竹文化元素融入校园环境，如种植竹林、设置竹制雕塑或艺术品等。结合竹文化的校园环境能够使学生在日常生活中感受到竹文化的熏陶，从而潜移默化地培养他们的环保意识和文化素养。地处建瓯市中国笋竹城内的福建省建瓯市竹海学校，作为一个典型示范案例，自 2015 年以来，学校就制定、完善了《竹海学校文化 SIS 系统十年发展纲要》，力争做"竹"文章，养"竹"精神，追"竹"梦想，以"竹文化进校园、竹精神育英才"为主线，力求将竹文化融入教育的各个方面。教师在讲述竹子生长过程时，引导学生理解"厚积薄发"的道理，鼓励他们在学习和生活中保持坚韧不拔的精神，并通过介绍竹编工艺，让学生体会到劳动的艰辛与美好，培养学子们的勤劳品质和感恩之心。为了进一步强化环保教育，学校还可结合竹子生态功能大力开展一系列环保教育活动，引导学生关注生态环境问题，提升他们的环保意识和社会责任感。例如，学校可以组织学生参与竹林种植活动，讲解竹子在生态系统中的作用，增强学生对自然环境的保护意识。综上所述，将竹文化与教育事业科学结合，丰富教育内容、提升教育质量，培养学生的社会责任感与环保意识，为构建和谐社会、推动可持续发展贡献力量，共同书写教育领域竹文化的新篇章。

三、培养审美情趣，发展创新思维

现代艺术教育中，审美情趣与创新思维是提升学生综合素质的重要方面与核心指标。

---

① 史冬辉. 论竹文化在农林高校的传承和创新[J]. 竹子学报, 2017, 36(1): 74-77.

审美情趣的培养有助于学生在艺术创作和欣赏中形成自我审美观，而创新思维则推动学生在面对问题时施展独到见解。竹文化作为一种深厚的文化资源，以其独特的美学特征和应用潜力，为艺术教育实践提供了丰富素材与灵感。艺术教育工作者通过引导学生研究竹文化的艺术表现形式，开展相关的创意实践活动，从而培养学生的审美情趣、推动学生的创新思维发展。审美素养是个体在审美经验基础上积累起来的审美素质涵养，主要由审美知识、审美能力和审美意识三要素组成。其中，审美知识是基础，审美能力是核心，审美意识是灵魂①。竹文化所具有的深厚美学内涵，主要表征于竹子的形态、质地、颜色以及其在艺术作品中的形象表现，为学生全面发展提供了全新视角。

一方面，将竹文化有效融入教育事业能够显著提升学生的审美情趣。竹作为一种特殊的质体，已渗透到中华民族物质和精神生活的方方面面，构成了中国文化的独特色彩，积淀成为源远流长的中国竹文化②，进而对传统审美情趣产生深远影响。其一，竹子以其独特的形态、清新的色彩和坚韧的品质，成为中国传统美学中的重要元素。将竹文化引入、用于艺术教育，首先需要使学生认识竹之美。通过大量考察竹林、了解竹的生长过程、学习竹文化的诸多艺术表现，学生能由内而外地感受竹子所蕴含的自然之美、生命之美与艺术之美，夯实审美情趣的坚实基础。其二，竹文化不仅彰显着形态之美，更关乎内在之德。竹子的坚韧不拔、虚心有节、高风亮节等品质，正是中国传统道德观念的典型象征。教师将讲述竹故事、传诵竹诗词、解读竹寓意等教学行为融入现代艺术教育，能够引导学生感悟竹之德，进而培养学生的道德情操和审美情趣，把握审美情趣提升的核心关键。其三，竹文化强调人与自然和谐共生，追求"竹境"的稳定美学境界，体现出人与自然环境的和谐关系，以及对自然环境的尊重和保护。就教育具体实践而言，在校园绿化中引入竹林景观、在课堂上创设竹文化的情境，以便让学生身临其境地感受竹的美和德。

另一方面，将竹文化有效融入教育事业能够推动学生创新思维的培养。在学科融合趋势日益迅猛的时代背景下，培养学生的跨学科创新思维是当前教育的重要目标之一③。其一，推动竹子材料的创新应用。竹作为一种可再生资源，其应用领域广泛，并且应用场景仍待继续挖掘，例如引导学生积极探索，设计竹制家具、竹制文具、竹制装饰品等

① 杜卫. 论审美素养及其培养[J]. 教育研究, 2014, 35(11): 24-31.

② 李世东, 颜容. 中国竹文化若干基本问题研究[J]. 北京林业大学学报(社会科学版), 2007(1): 6-10.

③ 董艳, 陈辉. 生成式人工智能赋能跨学科创新思维培养: 内在机理与模式构建[J]. 现代教育技术, 2024, 34(4): 5-15.

竹材创新应用作品，在动手实践中了解、认识竹材的特性和加工技术，同时激发学生的创新思维和动手能力。其二，促进竹子艺术的创新传承。竹编、竹雕、竹画等竹艺形式历来是中国传统工艺的重要组成部分。采取邀请竹艺大师进校园、传授竹艺技艺等方式，鼓励学生进行创新尝试，将先进科学技术、现代设计理念融入传统竹艺中，创作出具有时代特色的竹艺作品。其三，实现竹文化的跨学科交叉融合。竹文化关涉自然、历史、艺术、科技等多个领域，极具跨学科研究潜能。例如，以竹文化作为跨学科交流的切入点，能够深入多门学科课堂，结合生物学课程讲解竹的生长习性、结合历史课程讲述竹文化的发展历程，结合艺术课程进行竹艺创作等。

第五章
实现竹文化育人实践的场域研究

第一节　教育体系中的竹文化融入

一、课程设置与教材编写

（一）开设竹文化相关课程

一要课程设计者明确课程目标，围绕培养学生的文化素养、道德品质、实践能力和创新思维等方面展开。竹文化有助于培养学生树立正确的三观，激发学生的创造思维，提升学生的审美创造能力，因此在进行竹文化课程设置时，要树立正确的教学目标，确保课程内容的针对性及有效性。二要学校整合课程资源，充分挖掘利用竹文化资源。学校可以利用校园内现有的竹资源，如竹林、竹具等，也可以整合校内外有关竹文化的网络资源及书籍文本，还可以邀请竹艺传承人、专家学者等进校园，为开设竹文化课程打下坚实的资源基础。三要学校合理建设评价体系，保障竹文化课程实施效果。评价体系主要分为教师评价体系以及学生评价体系，在学生评价方面，应关注学生的全面发展，包括文化素养、道德品质、实践能力等方面。在教师评价方面，应开展教师课程评估，通过考查调研教师教学效果、学生学习状况等方面，及时调整教学策略和方法，确保竹文化课程的持续有效实施。

上海市崇明区是国家级生态绿化示范区，拥有丰富的竹资源，竹文化氛围浓厚。上海市崇明区明珠小学充分利用本地区竹文化资源，开发形成了"竹韵"校本课程，确立了打造竹文化的教育特色，以竹编、竹诗词诵读为重点，开展贴竹、画竹、赏竹、写竹、编竹、颂竹等丰富多彩的竹文化主题实践活动。明珠小学的竹文化校本课程进一步丰富了学校德育活动途径，赋予了学校德育工作新的生命与活力，创新了竹文化融入课程教学途径。

（二）将竹文化融入教材编写

一要编写者精选教材内容，包括竹文化的内涵、历史、价值等；教材编写者在编写过程中，应丰富竹文化教材内容，普及竹子的生物学知识，包括竹子的种类、生长习性以及分布区域等。教材应包括竹文化历史渊源的介绍、其在中国历史中的地位作用以及相关的历史典故和诗句。编写者还要介绍竹子的艺术价值及应用价值，通过展示竹编、竹雕、竹画等竹子的艺术加工形式，以及探讨竹子在日常生活、工业生产以及建筑设计等方面的应用来传达出竹子的审美价值与实用价值。二要编写者分阶段设计教材内容，使其适合各阶段学生学习。教材内容的设计应以竹文化为核心，结合学科特点和学生各阶段需求，合理进行编排。在幼儿教育中，可以通过故事、游戏等形式介绍竹子的生长过程和文化内涵；在中小学阶段，可以涉及竹文化知识，涵盖竹子的生物学知识、历史文化、艺术价值等多个方面；在大学阶段，可以结合实践活动，如种植竹子、制作竹工艺品等，让学生在实践中感受竹文化的魅力。三要出版社创新教材传播途径，利用数字技术丰富教材形式。教材传播者不仅可以通过传统的印刷纸质教材让学生通过阅读的方式学习竹文化，还可以利用大数据数字孪生技术对竹文化相关教材进行数字精准画像，建立竹文化知识库，让学生通过大数据更直观地了解和学习竹文化相关知识。

成都职业技术学校旅游服务与管理专业编写了"竹文化"教材，该教材是旅游服务与管理专业的一门地方特色专业教材，旨在让学生掌握竹类文化知识，提升导游服务能力。教材任务明确，旨在使学生获得讲解知识、讲解方法和导游技能，形成职业核心素养，其涵盖竹类文化知识、竹景观、竹文化等系统内容，与导游实务等课程紧密衔接。教材编写体现了任务引领、实践导向的设计理念，注重图文并茂、通俗易懂。"竹文化"教材展示了竹文化教材编写的多样性和成功之处，为其他学校在开发类似课程时提供了有益的借鉴。

二、教学方法与手段创新

（一）教学方法的创新

一要教师利用情境教学法，通过模拟竹林、竹编工坊等真实场景，让学生在身临其境中感受竹文化的魅力。教师可以通过在教室或特定区域绘制竹文化主题板报，或设立竹编工作坊，让学生亲自体验竹编技艺；还可以利用课程教材让学生扮演竹农、竹编艺人等角色，通过角色扮演加深对竹文化及其相关职业的理解。二要教师开展项目式学习法，设定项目任务。教师可以围绕竹文化的某个方面（如竹编工艺、竹建筑、竹文化历史等），设定具体的项目任务，引导学生通过小组合作、自主探究等方式完成，鼓励学生走出课堂，进行实地考察、调研和创作，将理论知识与实践操作相结合。三要教师使用跨学科整合教学法融合多学科知识。课程设计者可以将竹文化教学与其他学科（如语文、美术、科学等）相融合，形成跨学科的综合学习模式。例如，学生可以在语文课上学习咏竹的诗词歌赋，在美术课上进行竹艺创作，在科学课上探索竹子的生长习性和生态价值……

如浙江省海宁市周王庙镇中心小学：该校将竹编技艺纳入校园课程，通过邀请竹编艺人进校园，让学生亲身体验传统竹编工艺，感受传统文化的魅力。如浙江省宁波市塘溪镇第二中心小学：该校充分利用当地的竹资源特色，挖掘竹之精神内涵，通过成立竹编社团、编写竹文化校本教材等方式，将竹文化融入日常教学，旨在培养学生的创新思维与实践能力。如浙江省杭州市临安区青云初级中学：该校利用当地"竹子之乡"的独特优势，开展"竹文化"教育，将竹文化内涵与清廉校园建设有机结合，通过竹思课堂、竹韵课程等形式，推动清廉学校建设。如浙江省绍兴市上虞区长塘镇中心小学：该校以竹趣特色课程为引领，将地域竹文化资源与校本特色课程有机融合，通过竹竿舞、竹文化主题活动等方式，让学生在实践中体验竹文化的魅力。

（二）教学手段的创新

一要教师使用多媒体辅助教学，利用多媒体技术。通过图片、视频、音频等多媒体手段展示竹文化的丰富内涵和独特魅力，如播放竹编工艺制作过程的视频、展示竹文化主题的艺术作品等。课程开发者可以建立互动式教学平台，利用在线教学平台或教育 App

等工具，构建师生互动、生生互动的学习社区，实现教学资源的共享和交流的便捷。二要教师通过实践操作教学，利用在学校或校外建立的竹艺实训基地，为学生提供实践操作的机会和平台。校方可定期举办竹文化主题展览、比赛、讲座，竹编工艺大赛，竹文化摄影展等活动，激发学生的参与热情和学习兴趣。三要教师加强家校合作教学水平，通过家校共育加强学校与家庭的沟通与合作，共同关注和支持学生的竹文化学习。邀请家长参与竹文化教育活动，让家长陪孩子一起制作竹编工艺品、阅读竹文化书籍。这不仅能够增进亲子关系，还能够让家长与学生一起受到竹文化的熏陶。

　　四川省宜宾市长宁县幼儿园的竹文化教育方法很好地体现了教学方式手段的创新。长宁县幼儿园地处素有"中国竹子之乡"之称的长宁县城，其依托丰富的竹资源，探索并完善了竹文化教育方式。该幼儿园利用季节差异开展情境教学（如春天找春笋、夏天量竹高度、秋天竹林游戏），创设竹文化环境开展户外竹游戏，并开展家校合作，鼓励家长参与亲子竹游戏活动。长宁县幼儿园通过创新竹文化教学方式及手段，全面提高了幼儿的素质，包括身体素质、心理素质和操作技能等，也丰富了幼儿园的教育内容，形成了独特的校园文化特色。高菲指出：引导幼儿观察竹子、认识竹子、加工竹子，创设具有特色的竹艺坊环境，可以培养幼儿的观察能力与探究能力，进一步提升幼儿解决问题的能力，使幼儿通过研究生活中熟悉的事物不断拓展自己的认知，养成良好的学习习惯，为幼儿的全面发展打下良好的基础。[①]

三、校园竹文化环境营造

（一）校园景观建设

　　童士峰指出，学校是以影响学生的身心发展为直接目标的场所，其中一草、一木甚至一墙都得说话，都要起到教育作用。精心布置的竹文化教育能让学生徜徉其中并潜移默化接受竹文化的熏陶。[②]一要学校在校园内规划并种植竹林，形成独特的自然景观。根据校园的地形和建筑分布，划分出不同的竹文化景观区域，如竹林漫步区、竹艺展示区、竹文化广场等。校方在种植竹子时要选择适合当地气候和土壤条件的竹子品种，如毛竹、

---

① 高菲. STEAM 视野下园本课程中大班幼儿探究能力的培养研究——以大班园本课程"竹文化"为例[J]. 文科爱好者, 2023(4): 199-201.

② 童士峰. 何以竹风养学子——"竹文化"教育探索[J]. 华夏教师, 2015(6): 14.

紫竹、罗汉竹等，以增加景观的丰富性；还要考虑竹子的生长习性，进行合理的密度种植，注意与其他植物的搭配，营造出自然和谐的景观效果。学校通过在校园内种植竹林，规划不同的竹文化景观区域，不仅美化了校园环境，还为学生提供了亲近自然、感受竹韵的场所。二要学校在校园内设置与竹文化相关的景点。设置与竹相关的雕塑和石刻，如竹节形状的座椅、刻有竹诗的石碑等，同时引入溪流、池塘等水景，种植水生竹子，营造清幽的氛围，再辅以竹亭、竹桥、竹雕塑等，营造浓厚的竹文化氛围。这些景点可以设计成具有教育意义的互动区域，让学生在游玩中学习和体验竹文化。三要学校在校园内开展竹文化展示与教育。在校园内设置竹文化长廊，展示竹子的历史、种类、用途以及与竹相关的诗词、绘画等。学校也可以设立各类科普标识，为各种竹子和景观元素设置科普标识，介绍其特点和文化内涵，增强学生的认知。

（二）教学设施建设

一要学校建立竹文化展示馆。馆内展示竹子的生长过程、种类、用途以及竹文化相关的艺术品和文献资料，为学生提供一个学习竹文化的专业场所。二要学校鼓励相关教师开办竹艺术工作室。其中配备必要的工具和材料，供师生进行竹编、竹刻等艺术创作，这不仅可以培养学生的动手能力，还可以激发他们对竹文化的创新思维。三要学校开展竹文化教室试点。在室内装修上采用竹子元素进行装饰，如竹制的天花板、竹编的墙面装饰等，营造浓厚的竹文化氛围；在教室设备上，配备先进的多媒体教学设备，如大屏幕显示器、投影仪等，方便展示与竹文化相关的图片、视频和资料；在教学用具上，设置专门的展示架摆放竹制的教学用具，如竹尺、竹笔等，以及与竹相关的书籍、模型等（图 5-1）。四要学校建立竹文化图书馆。在图书馆内进行竹文化相关书籍的收藏，包括竹文化历史、竹艺技巧、竹类植物学等方面的著作；设置舒适的阅读座位，提供良好的照明和通风条件，营造安静的阅读环境；利用数字孪生技术建立竹文化知识库，配备电脑设备，提供在线数据库和电子书籍资源，方便学生查阅。

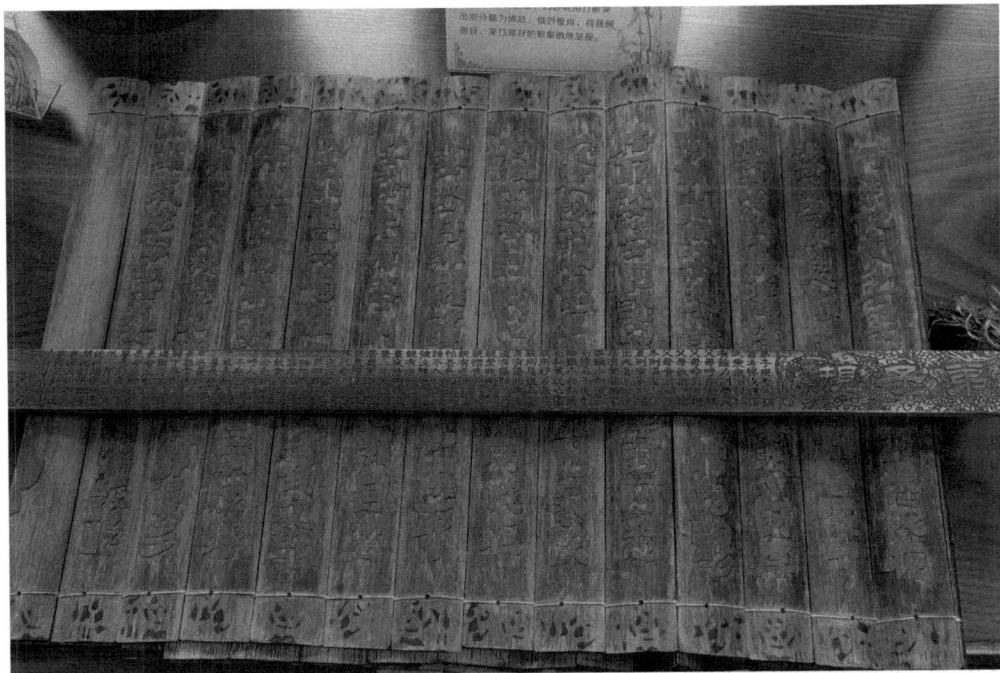

图 5-1 竹制弟子规戒尺（摄于浙江农林大学竹韵棠）

印度尼西亚巴厘岛格林学校的竹文化环境营造十分瞩目。这所绿色学校位于巴厘岛中南部的一个村庄中，周围是茂密的原生态丛林，学校内的所有建筑物均使用当地盛产的竹子和阿兰德草来建造，展现了竹子在建筑领域的广泛应用。主建筑"校园之心"是世界上最大的竹子单体建筑之一，它的建造完全依靠竹子的自然属性和人们的编织技艺完成，其教室、图书馆、活动中心、体育馆等也全部采用竹子建造，体现了竹子建筑的多样性和实用性。学校因其独特的竹文化景观吸引了全世界的目光，成为绿色建筑和可持续发展的典范。

（三）特色活动开展

一要开展竹文化知识讲座。学校可邀请专家学者或当地的竹艺大师来校举办竹文化知识讲座，介绍竹的种类、生长习性、用途以及竹文化的历史渊源和内涵，讲解古代文人墨客对竹的赞美之词，让学生感受竹在传统文化中的重要地位。二要举办竹文化主题研学活动。组织学生到竹产区或竹文化博物馆进行研学活动，让学生实地了解竹的生长环境、竹产业的发展以及竹文化的传承，通过亲身体验拓宽学生的视野，加深他们对竹

文化的认识。三要举行竹艺手工制作活动。学校开设竹艺手工制作课程，让学生学习竹编、竹雕等传统手工艺；可以邀请专业的竹艺师傅进行指导，让学生亲身体验竹艺制作的乐趣，培养他们的动手能力和创造力。

如福建省建瓯市竹海学校以"竹文化进校园、竹精神育英才"为主线，制定了《竹海学校文化 SIS 系统十年发展纲要》，通过一系列活动和环境布置，将竹文化融入校园生活的各个方面。而广东省肇庆市广宁县第五小学则开展了非遗竹编课程进校园活动，通过实践活动让学生了解竹编的历史和文化，并亲手制作竹编作品，有效传承了非遗文化。这些典型案例体现了校园竹文化特色活动的成功实施。

第二节　家庭教育中的竹文化传承

一、家风家训与竹文化理念的结合

（一）竹文化在家风家训中的体现

竹文化作为中华优秀传统文化的璀璨瑰宝，深蕴着坚韧不拔、谦逊自持的高尚品质。这些特质与家族训诫中崇尚的伦理美德紧密相连，充分彰显于家风家训的精髓之中。家风家训作为家族世代沿袭的规范与训导，是塑造家族成员品性与行为规范的基石。竹文化的融入为家风家训赋予了新的生命力，使其内涵更加深厚且多元。在家风家训的构建中，"竹节高风"之喻便是一处鲜明的体现。此喻以竹子之清雅高洁激励后世子孙秉持正直、清廉之德，免遭世俗浊流之侵扰。竹子节节攀升之态也象征着家族成员在品德修养上应持续精进，矢志不渝地追求卓越。"竹报平安"之语，则寄托了家风家训中对家族安宁、顺遂吉祥的深切祈愿。竹子顽强的生命力象征着家族在风雨飘摇中仍能坚守阵地，维护内部的和谐与稳定。此理念深刻体现了家族对子孙后代的深切关怀与殷切期望。

竹文化在家风家训中的渗透，还体现在对家族成员精神世界的滋养与塑造上。竹子在逆境中依然挺拔的身影激励着家族成员在面对生活困难和挑战时，保持不屈不挠的精神风貌，勇于担当，敢于挑战自我。同时，竹子的谦逊自持也教导着家族成员应当时刻保持谦逊之心，虚心向学，不断提升自我，以更加开放包容的心态去接纳世界。此外，竹文化还倡导着一种和谐共生的生活理念，鼓励家族成员之间相互扶持、共同成长，共同维护家族的繁荣与昌盛。这种理念在现代社会中尤为重要，它有助于促进家庭成员之间的沟通与理解，增强家族的凝聚力和向心力，为家族的长远发展奠定坚实的基础。

同时，竹文化在家风家训中的体现并不仅限于言语的传授与文字的记载。在诸多家族中，竹子更被赋予了重要的象征意义，成为家居装饰的亮点或家族徽章的组成部分。竹文化在家风家训中的传承与发展，展现出高度的灵活性与适应性。随着时代的变迁与社会环境的演进，家族长辈会根据实际情况对家风家训进行适时的调整与丰富。竹文化在家风家训中的体现是多维度的、深层次的，具有丰富的内涵，生动且富有感染力。通过家族成员间的代代相传，竹文化绵延不绝地流淌于家族血脉中。

（二）竹文化与家风家训共同塑造家庭价值观

竹之文化意蕴与家族伦理及家训传统在中华传统文化中占据核心地位，二者在相互渗透中共同构筑了家庭价值导向的基石。竹，自古便是君子风范的象征，其坚韧毅力与持续成长的特性为家庭价值导向注入了积极向上、不懈追求的精神特质。而家族伦理与家训传统作为家族文化精髓的积淀，通过世代的承续确保了这些宝贵品质的延续。

竹之文化意蕴的独特品质，为家庭价值导向提供了深厚的精神资源。竹子以其坚韧、谦逊及自我节制的特性，成为家庭教育中培育子女卓越品质的重要媒介。在家族伦理与家训传统的浸润下，家族成员不仅习得了应对挑战与困境的方略，更在隐性塑造中铸就了崇高的道德风范。例如，竹的坚韧毅力激励着家族成员在逆境中勇往直前，而竹的谦逊有礼则教导他们秉持低调、谦逊的为人处世之道。家族伦理与家训传统通过具体规范与要求，使得竹之文化意蕴的内涵在家庭中得以生根发芽。家族伦理体现了家族成员的精神气质、道德品质、审美格调及整体风貌。家训传统则是家族对子孙为人处世、持家治业的教诲，是家族文化精髓的集中体现。在家族伦理与家训传统的指引下，家族成员能够更深刻地理解与践行竹之文化意蕴所倡导的品质，进而将这些品质内化为自身的行为准则。竹之文化意蕴与家族伦理及家训传统相辅相成，共同推动了家庭文化的兴盛与演进。竹之文化意蕴为家庭价值导向注入了新的活力，而家族伦理与家训传统则确保了这些价值导向在家族中的稳定承续。这种相互作用不仅丰富了家庭文化的内涵，也为家族成员的成长提供了优良的精神培育环境。在此文化氛围下成长的家族成员更易形成良好的品行及道德修养。

随着时代的变迁，竹文化意蕴与家族伦理及家训传统也在不断地发展与创新。现代家庭在继承传统的基础上，结合时代特点，赋予了竹文化新的内涵，如环保意识、创新精神等。同时，家族伦理与家训传统也在与时俱进，更加注重培养家族成员的独立思考能力、批判性思维等现代素养。这种传承与创新的有机结合，使得竹文化意蕴与家族伦理及家训传统在现代社会中焕发出更加璀璨的光芒。

竹文化意蕴与家族伦理及家训传统是中华传统文化中不可或缺的重要组成部分。它们相互渗透、相辅相成，共同构筑了家庭价值导向的基石，为家族成员的成长提供了丰富的精神滋养与行为指导。在未来的发展中，我们应当继续弘扬这一优良传统，让竹之文化意蕴与家族伦理及家训传统在现代社会中继续发扬光大。

二、家庭环境中的竹文化元素

（一）竹制家具与家居装饰的选择与搭配

在家庭居住空间的装饰艺术中，竹制家具以其独特的韵味与环保属性，日益受到广泛青睐。此类家具不仅展现了审美上的优雅与大方，更深刻体现了对自然生态的尊重与和谐共生的理念。在遴选竹质家具时，应首要考量其实用效能与审美价值。实用效能涵盖家具的耐久性、舒适度以及多功能性，鉴于竹子固有的坚韧与耐用特性，竹质家具往往展现出卓越的长期服役能力。同时，设计需融入人体工程学原理，以确保使用时的舒适体验。在审美层面，竹质家具以其自然纹理与淡雅色泽，为居住空间增添一抹清新脱俗的自然韵味。

此外，在家居装饰领域内，竹文化的传承亦不容忽视。如竹雕艺术品、竹制书画等竹制品，凭借其精湛的工艺技艺与丰富的文化底蕴，成为点缀家居环境的点睛之笔（图 5-2）。这些装饰品不仅凸显了居住者的审美情趣与文化修养，更赋予了空间以浓厚的艺术氛围，在挑选时，应强调其与竹制家具及整体家居风格之间的和谐统一，以达成最佳的装饰效果。竹文化的弘扬与传承还深深植根于家庭生活的细微之处。例如，在家庭园艺中种植竹子，既美化了居住环境，又促进了家庭成员与自然的亲密接触，深刻体会竹文化的独特韵味。同时，通过参与竹制品的制作流程，家庭成员能够深入了解竹子的生长周期与加工技艺，进而增进对竹文化的珍视与传承意识。

图 5-2　十二生肖竹雕（摄于浙江农林大学竹韵棠）

为实现家庭环境中竹文化元素的和谐融入，需注重整体规划与协调性考量。依据家庭实际需求与装修风格定位，精心挑选适宜的竹质家具与家居装饰品。同时，采取多元化策略，推动竹文化的传播与发展，使家庭成员在日常生活中能够深切感受到竹文化所蕴含的独特魅力与价值所在。在进一步探索家庭居住空间与竹文化融合的过程中，我们还应关注竹制家具与家居装饰品的可持续性与环保特性。随着全球环保意识的提升，选择使用可再生资源如竹子制作的家具和装饰品，已成为一种绿色生活方式的体现。竹子的生长速度快、再生能力强，相较于其他木材资源，其对环境的影响更小，有助于减少森林砍伐，保护生物多样性。此外，竹制家具的维护与保养也体现了对环保理念的践行。使用天然保养剂或遵循简单的清洁方法即可保持竹制品的光泽与耐用性，减少了对化学清洁剂的依赖，降低了对环境的污染。家庭成员共同参与这一过程，不仅增强了环保意识，还促进了亲子或伴侣间的互动与合作。同时，竹文化在家庭教育中的作用也不容小觑。通过讲述竹子的生长故事、分享竹文化在历史上的重要地位，以及探讨竹制品背后的工艺与文化价值，可以激发孩子们对自然的好奇心和敬畏之心，培养他们对传统文化的热爱与传承意识。

随着科技的发展，智能家居与竹文化的结合展现出无限可能。通过智能化设计，竹制家具可以融入现代科技元素，如智能感应、远程控制等，提升家居生活的便捷性与舒适度。同时，这种结合也为竹文化的传承与创新提供了新的思路与方向，使传统与现代在家庭中得以和谐共生。

（二）家庭竹文化氛围的营造与意义

竹文化作为中华传统文化的瑰宝，其蕴含的刚毅不屈、谦和有礼之品质，在家庭教育中发挥着不可估量的深远作用。将竹之元素巧妙融入家庭环境，如采用竹制家具、展示竹雕艺术品及悬挂竹画等，不仅为家居空间增添了自然与清新的韵味，也为家庭成员直观感受竹文化之魅力提供了桥梁。这些竹制品所展现的线条之流畅、色彩之和谐以及工艺之精湛，无疑能够深化家庭成员的审美体验，促使他们在日常生活中发掘美、品鉴美、创造美。

家庭竹文化环境的构建，旨在引入竹文化的精髓与理念，为家庭成员塑造一个兼具深厚文化底蕴与丰富生活情调的居住空间。此等环境的塑造不仅能提升家庭成员的文化修养与审美鉴赏能力，更能在无形中实现其人格特质的塑造与生活质量的升华。除了物质层面上的竹元素融合，家庭竹文化环境的构建更需注重精神层面的浸润与熏陶。家庭成员可通过共同研习竹文化的历史脉络、参与竹编技艺工作坊等活动，深入探索竹文化的内在价值与深层意义。此类活动不仅能够促进家庭成员间的深度交流与情感共鸣，更能在亲身体验中让他们深刻领悟竹文化所蕴含的坚韧与谦逊之美德，进而在日常生活中自觉践行这些崇高品质。家庭竹文化环境的构建对于家庭成员的茁壮成长具有举足轻重的意义。在竹文化的持续熏陶下，家庭成员能够逐渐培养出坚定不移的意志品质与谦恭有礼的行为风范，这些优秀品质无疑将对其未来的社会交往与职业发展产生积极的推动作用。

竹文化所倡导的清新脱俗、雅致高洁的生活方式，也将有助于家庭成员养成健康的生活习惯并提升整体生活品质。为家庭成员营造一个充满文化底蕴与生命力的成长环境，不仅能够促进其个人修养与综合素质的全面提升，更为家庭文化的传承与发展奠定了坚实而稳固的基础。

三、竹文化教育融入家庭户外活动

（一）竹文化体验之旅的规划与实施

为深化家庭成员对竹文化的认知与体验，可规划竹文化体验之旅。首要任务是选定具有代表性的竹文化目的地，如浙江安吉的浩瀚竹海、湖南南岳的翠绿竹乡，这些地方是探索竹文化精髓的理想场所。通过实地探访，家庭成员能直观感知竹子在不同生态环境中的茁壮成长，以及其对维护生态平衡的重要贡献。

体验之旅的核心在于实践与互动。组织家庭成员参与竹编、竹雕等传统手工艺制作课程，亲手制作竹篮、竹篓等日常用品，这一过程中不仅传授了古老技艺，更深刻揭示了竹子作为可再生资源的宝贵价值。同时，穿插文化讲座与展览，系统性地阐述竹文化在中华传统文化中的核心地位，以及其在诗词歌赋、书画艺术中的独特表达。在执行过程中，安全性与教育性并重。前期需详尽调研目的地环境，准备充足的安全装备与应急措施；活动中，严格遵守当地规范，尊重自然环境，确保活动顺利进行。同时，强化教育引导，激发家庭成员的主动学习意识，使他们在体验中收获知识，促进个人成长与家庭和谐。

户外竹文化亲子活动作为家庭教育创新的实践载体，旨在通过创意活动与亲子互动，深化家庭成员对竹文化的理解与感悟，培养其团队协作精神与动手能力。在创意策划方面，竹林寻宝活动以其独特的探险性质吸引家庭参与：家庭成员需协同合作，依据藏宝图线索在竹林中寻找与竹文化相关的宝藏，此过程既锻炼了参与者的团队协作能力，又让参与者在探索中领略了竹林的神秘魅力。在实践探索环节，竹筒饭制作活动将传统美食制作与竹文化体验相结合：家庭成员共同参与选材、制作、烹煮的全过程，体验竹筒饭的独特风味与制作工艺，感受劳动的乐趣与成功的喜悦。此外，结合节日庆典，举办竹文化主题亲子运动会或文艺演出，通过趣味比赛与才艺展示进一步展现竹文化的魅力与家庭成员的风采。

此外，家庭户外探险活动中的竹文化教育还可以融入亲子互动与团队合作的环节，通过共同的任务和挑战，如搭建竹桥、编织竹篮等，不仅锻炼家庭成员之间的默契与协作能力，还能在共同解决问题的过程中加深对竹文化实践价值的认识。这种亲身体验的方式使得竹文化不再仅仅停留在书本或口头传授的层面，而是真正内化为家庭成员共同的生活经验和情感记忆。同时，家庭户外探险活动还可以结合地域特色与文化资源，开展竹文化主题研学旅行。通过访问竹艺工坊、竹编村落等，让家庭成员近距离观察和学习竹制品的制作过程，了解当地竹文化的发展历程和特色。这种实地探访的方式能够极大地丰富竹文化教育的内涵，使家庭成员在亲身体验中感受到竹文化的多样性和丰富性。此外，利用现代科技手段，如 AR、VR 等，也可以为家庭户外探险活动中的竹文化教育增添新的趣味性和互动性。通过 VR 技术，家庭成员可以在家中或户外安全的环境中，身临其境地体验竹林的美丽与竹文化的魅力；通过 VR 技术，可以将竹文化的相关信息以生动形象的方式呈现在家庭成员的眼前，使学习过程更加直观和有趣。

通过多样化的活动形式和教育策略，我们可以深入挖掘和强化竹文化的内涵与价值，为家庭成员的成长提供丰富的文化滋养，同时推动传统文化的传承与创新发展。

竹文化体验之旅与户外亲子活动旨在通过精心规划与创意实践，丰富家庭教育的形式与内容，在互动体验中促进家庭成员对竹文化的深刻理解与感悟，为家庭成员的成长与家庭和谐注入新的活力。

（二）家庭户外活动中竹文化教育价值的挖掘与提升

在家庭户外探险活动中深度发掘并强化竹文化教育的重要性，不仅有助于丰富活动的多维度内涵，更能为家庭成员的成长历程提供宝贵的文化滋养。户外活动的广阔空间与实践特性，使得竹文化教育以更为直观且富有生命力的方式展现，从而深化家庭成员对竹文化精髓的理解与共鸣。为了最大化利用户外活动的契机与资源，应将竹文化教育策略性地融入各类户外体验项目中。例如，在竹林徒步探索之旅中，可详尽阐述竹子的生长特性及其生态重要性，引导家庭成员细致观察并深刻体会竹子所展现的勃勃生机与不屈不挠的精神风貌。在野外生存技能训练中，则可利用竹制工具如竹筏、竹器等，教授家庭成员如何巧妙运用竹子解决生存挑战，亲身体验竹文化的实用价值与独特魅力。

激发家庭成员对竹文化深层意蕴与价值追求的深刻思考至关重要。在户外活动中，可组织专题研讨会或心得分享会，鼓励每位成员分享自己对竹文化的独到见解与情感体验。通过深入的交流与思想碰撞，家庭成员不仅能深化对竹文化精神内核的理解，还能培养对传统文化的崇高敬意与深厚情感，提升家庭成员的文化自觉意识与文化自信心，还可结合户外活动，如举办竹文化主题摄影展、文学创作竞赛等，以激发家庭成员的创作灵感与热情，让其在实践中亲身体验竹文化的独特韵味，并以此为契机增强其对传统文化的认同感与自豪感，进一步推动传统文化的传承与创新发展。

第三节 社会环境中的竹文化推广

习近平总书记在中国文联十一大、中国作协十大开幕式上的讲话指出，中国共产党从成立之日起就把建设民族的科学的大众的中华民族新文化作为自己的使命，积极推动文化建设和文艺繁荣发展[1]。在当前社会环境中，推广传播竹文化是一个涵涉多方面、多层次、多角度的系统性项目与工程，需要政府和相关机构的积极参与以及社会各界的广泛支持与共同努力。基于此，本节将从竹文化主题公园与博物馆建设、竹文化节庆活动与媒体宣传、竹文化创意产业与文旅开发三个方面深入探究如何在社会环境中高效、高质地推广竹文化。

一、竹文化主题公园与博物馆建设

（一）竹文化主题公园的生态设计与文化体验

竹文化主题公园以竹为核心元素，巧妙融合了自然美学与文化传承，打造出适合休闲放松与深度学习于一体的双重文化空间。文旅融合是时代发展趋势，打造中国文化主题公园不仅可以更好地传承与发扬中华优秀传统文化，提升国民文化自信，增强国家文化软实力，还能丰富人们的休闲娱乐选择，深化旅游产品内涵，提高中国主题公园品牌的竞争力[2]。公园规划层面应遵循生态优先原则，大面积种植各类优良竹子品种，旨在构成层次丰富、四季有景的有机竹林景观。营造如下景象：春日新笋破土而出，生机盎然；夏日竹影婆娑，带来丝丝凉意；秋风起时竹叶轻摇，诉说岁月静好；冬日雪后银装素裹，尽显竹之高洁。设计师应巧妙运用竹材的韧性与美感，打造出亭台楼阁、桥梁栈道等公园设施，以展现出竹材的环保与可持续性，彰显人与自然和谐共生的理念。当游客漫步其间时，身临其境于竹子编织的梦幻世界，每一次呼吸都充满了自然的清新与竹香的淡雅。竹文化展示区与互动体验区也是公园不可或缺的一部分，设计人员应运用各种呈现形式，系统介绍竹的种类、生长习性、经济价值等文化知识，让到访者能够亲手参与竹编工艺制作，感受竹丝在指尖跳跃的乐趣、聆听竹乐清脆悠扬的旋律。此外，要定期举

① 习近平. 在中国文联十一大、中国作协十大开幕式上的讲话[M]. 北京: 人民出版社, 2021.

② 梁增贤, 罗卉. 打造中国人自己的文化主题公园品牌[J]. 群言, 2024(1): 30-33.

办竹文化讲座、开设工作坊以及策划竹相关节日活动，吸引众多游客和竹文化爱好者前来参与，此类活动既能丰富游客的文化体验，也能为当地的经济发展注入活力。例如，通过邀请专家学者开展竹文化讲座深入浅出地讲解竹子的历史、艺术及其在现代社会中的应用，让参与者对竹文化有了更深刻的理解；工作坊则提供了亲手制作竹艺品的机会，使得体验者在实践中感受竹子的灵动与美感，激发广大群众对传统手工艺的兴趣；节日活动则成为社区的盛事，吸引来自不同地区的游客前来欣赏丰富多彩的竹乐演奏、竹笛独奏以及竹编表演等文艺表演，真正展示竹文化的多样性和活力，从而推动人们更好地理解人与自然和谐共生的重要性，为保护和传承竹文化贡献自己的力量。

（二）竹文化博物馆中传统文化与现代技术传承交融

相较于竹文化主题公园的活泼与生动，竹文化博物馆则显较为庄重与深邃，犹如现代社会打开的一扇通往历史与文化的时间窗户。博物馆中珍贵的文物和艺术品琳琅满目，每一件展品都是竹文化发展历程的见证。例如，竹简作为最早的书写材料之一，记录了古人的智慧与思想，承载着古代文人的情怀与哲理；篮子、帽子、屏风等竹编工艺品，展现出古代工匠的高超技艺与审美情趣，作为生活用具与艺术结晶的竹编工艺品充分反映了当时人们的生活方式和审美观念；而笛子、箫、鼓等竹制乐器则使我们得以聆听跨越千年的旋律，感受那份纯粹与和谐。

同时，博物馆不仅应注重实物的展示，更要致力于利用现代科技手段，为游客提供沉浸式的参观体验。例如，于空间场景中应用 AR 技术，让游客仿佛穿越时空，漫步古代竹林之中，身临其境地感受竹子的生长与变化，与古人共赏竹之韵、品竹之味。互动投影技术则为静态展品"注入生命"，游览者能够通过触摸屏幕与博物馆展品产生交互，从而了解竹子的生长周期、用途变迁以及在不同文化背景下的象征意义。具体而言，游客只需轻轻一触，便可综览竹子于不同工艺品中的古代应用以及各类竹制品在生活中的具体作用，交互式的学习体验让文化知识变得生动且易于理解。博物馆还承担着研究与教育的功能，组织、会聚国内外竹文化研究领域的专家学者，通过举办学术研讨会、出版研究成果等方式，推动竹文化的传承与发展；通过青少年夏令营、亲子研学游等形式开展各类教育活动，让更多人尤其是年轻一代了解并爱上竹文化。总之，竹文化博物馆以其丰富的文物展品、先进的科技手段以及多样化的教育活动等特点，搭建了文化展示的平台和促进文化传承与交流的重要场所，使得竹文化在 21 世纪焕发出崭新生命力，吸引着人们走进充满魅力的竹文化殿堂。

二、竹文化节庆活动与媒体宣传

（一）竹文化节庆活动的多维策划与整体设计

举办竹文化节庆活动等盛大文化盛宴，以吸引四面八方的游客与爱好者。作为全国性的竹文化节日，中国竹文化节是我国规模最大、规格最高、影响最广的国家级竹业盛会，由国家林业和草原局、举办城市所在地省级人民政府和国际竹藤组织共同主办，中国竹产业协会、举办城市所在地省级林业和草原主管部门、举办城市人民政府联合承办。其于1997年首次举办，每2年举办1届，已先后在浙江安吉、湖南益阳、四川宜宾、湖北咸宁、福建武夷山、江西宜春、江苏宜兴、安徽黄山、四川眉山、湖南桃江、江西资溪等地成功举办了12届，其中四川宜宾承办过2次中国竹文化节[①]。精心的策划与设计，使每个节庆活动都力求保留传统精髓并融入现代元素，既具有历史厚重感，又不失时代气息。主要有如下形式：其一，作为竹文化重要组成部分的竹编工艺，以其精湛的技艺和独特的审美价值而闻名。在竹文化节庆活动中，举办竹编工艺比赛不仅是对传统技艺的一次集中展示，更是对新一代匠人精神的培养与激励。参赛者们以竹为笔、以线为墨，编织出一件件实用美观的竹子艺术品，从中体悟竹编艺术的魅力。同时，通过比赛、交流等形式，激发更多人对竹编技艺的兴趣与热爱，为这一传统技艺的传承与发展注入全新活力。其二，竹乐演奏会天籁之音、竹韵悠扬。专业乐团与民间艺人同台献艺，让竹制乐器的美妙旋律在空中回荡，仿佛将人们带入了一个宁静而深远的竹林世界，让听众感受到了竹乐的独特魅力，加深了其对竹文化的理解与认同。其三，竹林自古以来便是文人墨客寄托情怀、抒发才情的理想之地，组织举办竹林诗会能够将这份诗意与浪漫发挥到极致。吟诵者们或漫步于竹林间，或静坐于竹亭下，以竹为题，吟诗作对，交流心得。

---

① 蔡卫, 莫雨瑾, 张微, 等. 以特色竹文化活动助推中国竹乡高质量发展[J]. 世界竹藤通讯, 2024, 22(3): 114-118.

（二）信息时代竹文化推广的媒体宣传策略

在信息化时代，媒体宣传对推广竹文化具有不可替代的作用。做好新时代基层宣传思想文化工作，必须深刻领悟习近平文化思想蕴含的世界观、方法论以及贯穿其中的立场观点方法[①]。竹文化作为中华优秀传统文化的重要组成部分，如何在世界百年未有之大变局语境下讲好中国故事、讲好竹子故事，离不开多样化的媒体宣传手段。电视、广播、报纸和网络等多种媒体渠道的有机结合，能够推动竹文化跨越物理限制，传播到世界的各个角落。其中，制作竹文化专题节目或纪录片是媒体宣传的重要手段之一，深入挖掘竹文化的历史渊源、文化内涵和艺术价值等方面，以生动的故事、精美的画面、专业的解说，全景式地展现了竹文化的独特魅力。在报纸、网络等平台上开设竹文化专栏，定期发布相关文章和报道，是媒体宣传的另一种有效方式。通过持续关注竹文化的动态与发展，及时传递最新的信息与资讯，让公众对竹文化保持高度的关注与兴趣。以新闻发布的形式将竹文化的重大事件、重要成果等及时传递给社会各界，进一步扩大竹文化的影响力与知名度。此外，随着新媒体技术的迅猛发展，视频、音频、直播、短视频等形式已经成为当代信息传播的主流，媒体宣传也需要顺应时代潮流，注重把握多媒体形式的创新、融合与发展。借助新媒体平台，可以通过动态生动的内容展示竹文化的独特魅力。例如，利用现场直播的方式展现竹文化活动，将活动现场的热闹氛围和精彩节目实时传递给全球观众。短视频平台的崛起也为竹文化宣传提供了新的空间，利用碎片化的时间，观众可以随时随地观看有关竹文化的短视频，加深对竹文化的认知和兴趣。总之，竹文化节庆活动与媒体宣传作为推广竹文化的重要途径，它们相辅相成、相互促进，一同为构建文化自信、实现文化强国目标助力。

三、竹文化创意产业与文旅开发

（一）竹文化创意产业与文旅开发的深度融合

竹文化创意产业与文旅开发的深度融合，是凸显对中华传统竹文化的现代诠释与传承，成为推动地方经济转型升级、促进文化旅游产业高质量发展的重要途径。在这一进

---

① 刘军，李应瑞. 运用科学理论做好基层宣传思想文化工作[J]. 国家治理，2024(11): 5-9.

程中，深度挖掘与创新竹文化创意产业是开发实践的关键一环。《关于加快推进竹产业创新发展的意见》指出，"提升自主创新能力"需"集聚高端创新资源""加强科技创新和成果转化""发挥企业创新主体作用"。①竹文化创意产业的核心在于"创意"一词，这要求广大从业者不仅要精通竹子、竹材的自然属性与独有美学，还须具备跨越传统与现代文化、融合东方与西方美学的跨界视野与创新灵感，标志着要将极简美学、绿色生态等传统竹工艺精髓与现代设计理念巧妙结合，创造出既符合当代审美趋势又蕴含深厚文化底蕴的竹制艺术品与实用品，以满足消费者多元化、个性化的需求。此外，随着科技的进步，竹文化创意产业迎来了前所未有的发展机遇。通过引入新材料技术、智能制造技术、物联网技术等先进科技，大幅提升竹制产品的功能性与智能化水平。而竹文化创意产品的市场推广需要完善的销售渠道与品牌体系，其一，利用电商平台、社交媒体等线上渠道，打破地域限制，实现产品信息的广泛传播与快速交易，扩大市场覆盖范围；其二，积极参与国内外文化创意产品展览、博览会，通过展示与交流提升品牌形象，增强品牌故事的讲述力，吸引更多国内外消费者的关注与认可。一系列产业与文旅举措的建立与落实将有助于竹文化创意产业的繁荣发展，为地方文化旅游增添新的亮点与增长点，共同推动中华优秀传统文化的创造性转化和创新性发展。

（二）竹文化文旅开发的多元融合与深层路径

深度挖掘潜在传统文化资源，融入创新技术与实践方式，推动竹文化文旅开发向特色化、品质化、市场化、生态化、精细化方向发展，促进地方经济转型升级与文化传承创新目标。其一，促进竹林生态旅游的多元化开发与建设。文旅融合的关键是深度融合，不是简单地把二者叠加在一起，而是要通过系统内部的耦合关系促成二者在系统要素上密切关联，产生化学反应。②开发者应充分利用竹林这一自然资源的独特魅力，打造集观光、休闲、科普教育于一体的综合型旅游目的地，将竹林景观与生态步道、观景台、竹林小屋等旅游设施巧妙结合，让游客在亲近自然的同时体验到竹文化的深厚底蕴。其二，深度挖掘竹文化体验项目。前文提到，通过建设竹文化博物馆、竹编工艺体验馆等文化

---

① 十部门关于加快推进竹产业创新发展的意见[EB/OL]. (2021-12-07). https: //www. gov. cn/zhengce/zhengceku/2021-12/07.

② 张胜冰. 文旅深度融合的内在机理、基本模式与产业开发逻辑[J]. 中国石油大学学报(社会科学版), 2019, 35(5): 94-99.

设施，能够促使游客在参观学习中深入了解竹文化的历史与现状，而深度参与式的体验方式有助于增强人们的文化自信与动手能力。其三，融合地方特色激活差异化竞争优势。竹文化的文旅开发应强调与当地自然景观、人文历史、民俗风情等元素的有效融合，形成独具地方特色的旅游品牌。以浙江省宁波市象山县西周镇所打造的"旅游+"竹文化品牌为例，于2024年4月举办的为期两个月的"宁波象山（西周）第三届竹文化旅游季"，以"西瀛有约，竹梦共富"为主题，将竹乡民俗、农家笋宴、千年古村、非遗研学等多元元素巧妙融合，全景呈现了大美西周、魅力竹乡的迷人风貌。因此，未来我们应继续深化对竹文化的认识与研究，不断创新竹文化产品的表现形式与传播方式，促进中国竹文化走向世界，推动竹文化创意产业与文旅开发的深度融合与高质量发展。

第六章
竹文化育人实现的运行机制

一、竹品德的知识教育

自古以来，竹子就以其独特的生长特性和象征意义，在中华传统文化中被视为美好品德的象征。从破土而出的新笋到挺拔的竹竿，竹子的生长过程引发人们对生命、成长和变化的哲学思考。人们从中不断汲取智慧和力量，追求正直、高洁和坚韧不拔的品格。这种对竹子的赞美和尊崇，不仅体现出对自然的热爱，也反映了对美好品德的追求和向往（图6-1）。

在中国悠久的历史长河中，竹子作为最早被开发和利用的资源之一，蕴藏着丰富的文化底蕴，它象征着中华民族精神，表达了中国人的智慧、创造力、审美观、趣味、宗教信仰以及人格理想。它不仅是一种物质，更是一种文化象征[1]。竹子的坚韧、虚心有节等特质让它成为"君子"的象征，这种象征意义贯穿于古诗词、书画和民间传说之中。这些特质不仅通过文学和艺术作品得到了广泛传颂，还在教育和文化传承中不断被弘扬。竹子作为一种文化符号和精神象征，承载着中华民族对美好品德的向往和追求，它超越了自然物的范畴，成为中华传统文化不可或缺的一部分。

今天，随着人们生产生活方式的改变，中华传统竹文化不断吸纳新内容[2]，焕发出了全新的文化内涵和应用价值。在快节奏的社会环境下，竹子以其大量繁殖和快速生长的特性，完美顺应了现代生活的节奏，激励人们顺应时代潮流，以积极乐观的态度面对生

---

① 苏华啸. 贯穿古今的"竹文化" [J]. 天工, 2024(8): 62-64.
② 陈洁, 唐辉, 赵一鸣. 安吉竹文化——人竹共生绿色发展之路[J]. 生态文明世界, 2023(3): 20-29.

活。同时,竹子作为一种可再生的环保材料,与当前可持续发展战略完美贴合,鼓励人们在日常生活中多多关注环保,积极参与环保行动。

图 6-1　竹诗画(摄于浙江农林大学竹韵棠)

（一）坚韧不拔

竹子一直以其卓越的适应能力而闻名,它能够在各种恶劣的气候条件下茁壮生长,从炎热的热带到寒冷的寒带,从低洼的湿地到干旱的坡地,竹子都能找到适宜的生存环境。当然，这得益于竹子发达且强健的根系，它们紧紧抓住土壤，形成坚固的地下网络，可有效防止水土流失。竹子的根茎不仅延展力强，还能迅速扩展以占领新的生长空间，并且具有极强的再生能力，即便在遭受损害后也能快速恢复。这种顽强的生存能力使竹子在面对自然灾害时也能迅速复苏，成为维持生态平衡的重要屏障。

竹子的生命力异常顽强，无论是在贫瘠的土地还是在寒冷的气候中，它都能很好地生存并且繁殖，因此竹子的这种特性常被用来象征坚韧不拔的精神。竹子极强的生存能力也启示着我们，在困境中只要保持不屈的意志和坚定的信念，就一定能找到生命的出路和希望。竹子的象征意义还被融入各种文学和艺术作品中，提醒我们在面对挑战时，要始终保持内心的坚韧与不屈。这不仅是对竹子顽强生命力的赞美，更是对人类精神力量的礼赞，激励鼓舞着一代又一代人在逆境中不断追求卓越。

（二）虚心有节

竹子的中空生长和竹节的存在，是竹类植物适应环境和生长需求的结果。竹子的中空部分减少了竹子整体的重量，但同时又保持了足够的结构强度，使得竹子能够灵活抵御大风而不折断。而竹子的竹节则是其茎干内部节点的结果，每个节点之间由竹壁相连，形成了竹子特有的节状结构。这些竹节不仅有助于茎干的支撑，还大幅增加了竹子总体结构的强度。此外，竹节还有助于保持茎干的柔韧性和弹性，使得竹子能够在风吹日晒中保持稳定。

竹子的中空有节不仅是竹子的生物特征，更是竹文化精神上的象征。在中华传统文化中，竹子常被赞誉为"四君子"之一，与梅、兰、菊并列，象征着谦逊、高洁。竹子的空心特性常被用来比喻君子的谦虚，提醒人们要保持谦逊的态度，虚心学习他人的优点和长处，不断提升和完善自我；要虚怀若谷，不自满于已有的成就，不断汲取新知识。而竹节则象征着做人要有节操，不随波逐流，始终坚持自己的原则和信念。竹节分明，寓意着人生中的每一个阶段都要有所坚守和自律，不被外界的诱惑和压力动摇，激励着人们在复杂的社会中依然能够坚守自己的道德底线。这种精神力量代代相传，成为中华传统文化中不可或缺的一部分。

（三）团结协作

除了特殊的景观营造，只要有竹子存在的地方便能成林，这主要是因为竹子独特的生态适应性。竹子的主要繁殖方式是无性繁殖，即通过竹鞭的横向生长，在土壤中尽可能地延伸，而在延伸过程中，竹鞭的不同位置将长出新的竹芽，最后形成新的竹株，这一过程可以让竹子在一定区域内迅速扩展并占据优势地位，并以此形成密集的竹林。而密集的竹林可以通过叶片和根系的协同作用，最大化地利用环境中的资源。竹林中密集的竹子也能够相互支持，共同抵抗环境压力，减缓土壤侵蚀。这些生物特性使得竹子能够成片生长，形成稳定且高效的竹林生态系统。

竹林中的竹子彼此相依、共同成长，这种生长特性不仅展示了自然界的和谐美，更深刻象征着人类社会的团结和协作精神。竹子的生长离不开同伴的支持，每一根竹子都在彼此扶持中茁壮成长，这种互相扶持的精神正是我们在现代社会中所倡导的团队合作精神。在工作和生活中，每个人都有自己的优势和不足，只有通过合作才能互补长短、共同进步。竹子的这种精神对现实生活中的我们有着深远的启示。它教导我们在集体中要懂得协作与分享，只有团结合作才能实现共同的目标，取得更大的成就。竹子所象征的团队协作精神，是我们日常生活中的一盏明灯，指导我们在复杂的社会环境中，与他人和谐相处，共同进步、共同成长。

（四）乐观积极

作为常绿植物，竹子一年四季都保持着娇翠欲滴的模样，即使在大雪过后，也依旧挺立着，不屈地向人们展示着它那傲人的绿。当然，这和竹子独特的生物特性以及顽强的生命力是分不开的。竹子拥有强大的根系和叶片结构，能够最大化地利用环境中的光能和水分，来保证生长和更新的持续性。此外，竹子的更新换代能力也十分强大，它们能够在各种环境条件下生存和繁衍，部分品种每天的生长速度甚至可达数厘米。

竹子生长迅速，几乎每天都能见证其变化和成长，如此种种，给予了人类社会无限的启发和提示，它激励着我们即使在困境中也要不断进取、不懈努力。竹子能够在短时间内迅速生长并不断自我更新，这正是我们在追求个人成长和发展的过程中所需要的品质。无论是在工作中还是在生活中，我们都应当像竹子一样，积极进取，不断提升自己，保持对未来的希望和信心。竹子四季常青，无论春夏秋冬都能保持其翠绿的颜色，这不仅是对自然界生生不息的赞美，更是对人类精神世界的一种激励。它鼓励我们在面对逆境时不轻易退缩，在面对变化时不失去方向，始终保持内心的希望和力量；激励我们在每一个日子里，都能焕发出新的活力和生机。

（五）环保意识

"更容一夜抽千尺，别却池园数寸泥。"一场春雨过后，前几天还裹挟着早春寒气的竹林，一夜之间就热闹了起来，大大小小的竹笋蜂拥着全冒了出来，为沉寂了一整个冬天的竹林增添了几分春意。竹子生命力顽强，只要适应了环境，往往一场旖旎的小雨过后就能快速生长，甚至不需要特别打理就能够提供源源不断的竹材。竹子的这种特性不仅有助于生态环境的维护，还大大提高了资源利用率。竹子生长周期短、恢复时间快，能够降低人们对森林资源的依赖，有效缓解资源枯竭和环境破坏的问题。当然，这一特性也引发了人们对可持续生活方式的思考，让人们在利用自然资源时保持节制与敬畏。

诚然，竹子不仅具有重要的生态价值，在品德教育中也发挥着重要作用。随着中国城市化进程的加快，生态保护和文化传承逐渐成为当前城市发展过程中不可忽视的核心要素[①]。竹子作为我国一次性餐具中最重要的原材料，人们可以通过明确的数据查询，了解竹子对现代社会发展的重要性，并基于此树立环保意识、培养责任感，在实际行动中践行环保理念，懂得可持续发展和可再生原材料对后世的重要性。这样的教育理念不仅有助于环境保护，更有助于培养具有社会责任感和可持续发展意识的未来公民。

竹品德的知识教育核心在于弘扬竹子精神，塑造高尚品格。竹品德的知识教育是一种以竹子本身的象征意义为载体，对学生进行品德教育的方式。竹子在中华传统文化中一直代表坚韧、谦逊、高洁等品质，在教育实践中，竹品德教育被视为一种有效的德育手段，可以培养人们高尚的品德和社会主义核心价值观。竹子的"七德八品"被视为一种精神财富，涵盖了一个优秀公民的所有高尚品质，激励着学生在学习和生活中追求卓越。

在具体的教育实践中，竹品德的知识教育可以分为两部分。首先，以诗词歌赋为切入点，在校园中着重开展相关知识教育。其次，扩大范围，在校外开展教育活动，结合竹文化特色，潜移默化地影响和教育人们。

在校园教育中，学校可以创建以竹为主题的校园环境，并推广相关特色课程，让学生在活动中体验和学习竹的精神。学校还可以通过教室布置、班级管理、清廉教育、安全知识宣传等方式，将竹文化与学生品德教育相结合，培养学生的自我管理能力和集体

---

① 李艾佳，王明瑜，罗慧莹，等. 竹文化在竹文旅康养产业发展中的应用[J]. 世界竹藤通讯，2023, 21(2): 88-92.

荣誉感。通过竹品德教育，学生不仅能够学习到竹子的优秀品质，还能够在潜移默化中形成正确的世界观、人生观和价值观。

扩大范围，走出校园，结合竹文化特色开展校外教育活动，毋庸置疑这是扩大竹文化影响力最好的办法。相关推广者可以组织竹文化专家或研究者举办讲座，介绍竹子在文学、艺术、建筑等领域的应用和象征意义，还可以安排竹艺工匠或艺术家教授竹编、竹雕等技艺，这不仅能够培养学生的手工艺能力，还能增强他们对传统工艺和可持续发展的认识。同时举办竹文化节庆活动，例如竹文化展演、竹乐器演奏、竹文化知识竞赛等，不仅能够增强社区凝聚力，还能够以娱乐和互动的方式深入人心地传播竹文化的魅力和教育意义。

二、竹营造的技能培养

竹子因其快速生长、高可持续性、强度大、可塑性强等优点，广泛应用于建筑、家具制作和手工艺品等领域。通过对竹材加工与营造技能的学习，学生不仅能够掌握一项实用的手工艺技术，还能深入探索竹材的应用潜力和生态价值，理解其在传统与现代应用中的重要性。这种学习有助于传承并创新传统工艺，同时提高学生对可持续发展和生态环保的认识，从而在实践中更好地运用竹材，实现环境友好型的设计与生产。

（一）竹材基础知识教授

竹子基础知识的教授是竹营造技能培养的第一步，其中包括竹子种类、结构特征、生长环境及其在不同领域的应用。常见的竹子种类有毛竹、紫竹、斑竹、黄纹竹等，每种竹子的特征和用途均不同。而竹子的基本结构包括竹节、竹笋、竹叶等，可根据具体制品的不同选择对应的竹子结构。竹子是一种生长迅速、适应性强的植物，可以在多种环境中生长繁衍。其因可再生性强，在传统和现代社会中均有广泛应用，如建筑、家具、工艺品、乐器、食品等。

竹子基础知识的教授可以从理论与实践两方面展开，以便全面提升学习者的理解和应用能力。一方面，理论知识的传授至关重要。通过讲解竹子的种类、生长特性、结构强度、生态价值及其在建筑、家具和手工艺品制作中的应用，学生可以对竹子有一个系统性的了解，并掌握其历史背景与现代应用。同时，这些理论知识还可以帮助学生认识竹材的可持续性、环保特性以及其在生态系统中的重要性。另一方面，理论必须与实践相结合。通过实际操作，学生能够真实地接触和感受竹材，包括学习竹子的加工、切割、编织、拼接等技艺，从而提升动手能力。在实践中，他们能直观地感受到竹子的特性及其在各种应用中的适应性，更好地理解如何将理论与实践相结合，开发出既实用又美观的竹制品。这种理论与实践并重的教学模式，有助于培养学生对竹材的全面认识和创造性应用能力。

理论知识的传授应以教师讲授为主，视频传授为辅，两种方式并行开展，在学习掌握的基础上，通过图文讲解的方式加强理解，这样更适合零基础的学习者。教师可以通过使用图文并茂的 PPT，帮助学生直观地理解竹子的基础知识，构建清晰的知识框架。在讲解完成后，教师可以通过问答环节增强学生的参与感和兴趣，同时检验他们对知识的掌握程度。当然，教师还可以播放竹子的相关视频，作为理论知识的补充和完善。竹子从发芽到成竹的生长过程视频，可以展示竹子的采伐、处理和加工过程；竹制品在建筑、家具、工艺品等不同领域中的应用视频，则能展示竹子的多功能性，加深学生对竹子生长特点的理解。在播放视频时，教师可以进行讲解和补充说明，帮助学生更好地理解内容。同时，教师还应鼓励学生在观看视频后发表感想与见解，并通过小组讨论分享他们的理解与收获。

理论知识是所有认知的基础，但单纯的解释说明往往显得过于单薄。如果条件允许，可以组织学生参观当地的竹林，实地观察竹子的生长环境和状态；安排参观竹工艺品制作坊或竹制品工厂，了解竹材的处理与制作过程；带领学生参观竹建筑项目，观察竹材在实际建筑中的应用，学习竹建筑的设计与施工技术。在考察过程中，可以邀请专业人员进行现场讲解，解答学生的疑问，鼓励学生在考察时拍照、记录，并在返校后整理资料，制作考察报告，与同学们分享考察成果。实践是检验真理的唯一标准，学生只有真实地触摸到教科书和视频教程中讲述的内容时，才能够理解被外表包裹下的竹文化的真正内涵，体会到那些令人难忘的悸动。

（二）竹艺基础技能训练

了解并选择合适的竹材是制作竹制品的第一步。首先，应该根据制品的具体用途选择合适的竹子种类。毛竹具有较高的强度和耐用性，是最常用的竹种，适合制作结构性的竹制品。紫竹因其美观的紫色竹节而广受欢迎，适合用于装饰性的竹艺品。而斑竹具有斑驳的竹节，适合制作艺术性较强的竹制品。在挑选好竹子种类后，应该对原材料进

行进一步的筛选，选择健康、成熟、形态美观无裂纹的竹子，避免选择年幼或已经老化、被虫蛀有破损的竹材。

确定合适的竹材后，就可以对竹子进行防虫防腐处理了，这一步是为了提升竹制品的工艺品质并延长使用寿命。常用的处理方法有高温处理和化学试剂处理两种，可以根据实际需要选择合适的防虫防腐方法。高温处理通常在 60℃以上的条件下进行，可以有效杀灭竹材内部的虫卵和幼虫，并减少水分，从而减轻竹材的变形和开裂问题。若用化学试剂处理，则应该使用具有杀虫效果的药剂进行浸泡或喷涂，如有机氯化合物或其他合适的防腐剂，处理后应充分晾干，确保化学物质完全渗透竹材内部。

对竹材进行防腐处理后，就可以进入切割成型环节了，在这一步我们需要将竹子从最原始的形态变成真正可以编织搭建的材料。竹子的切割成型是竹制品制作过程中的重要环节之一，这一环节将涉及大量手工工具和机械工具，以便对竹材进行精细加工。下面是制作过程中经常会用到的工具，大家可以根据具体需要选择合适趁手的工具：竹锯是专门用于切割竹子的锯子，其锯齿较细密，能有效减少对竹材的损伤；斧头用于粗加工，如分段切割大块竹材；切割刀用于细致切割和修整，可选择不同大小和形状的刀具，以适应不同的加工需求；不同粒度的砂纸可用于竹材的粗磨和细磨，确保竹材表面光滑；木锉用于修整竹材的细节部分，如去除毛刺和调整竹节；凿子和刨子用于竹材的开槽、雕刻和成型，适用于复杂的竹制品制作；压竹器用于改变竹子的形状，使其弯曲或扭转，适用于制作弧形或特殊形状的竹制品。

通过竹子的切割成型，我们能够获得最基础的制作材料，选择合适的固定方法将材料一点点组合搭建起来，就能获得属于自己的竹制品了。竹材的连接和固定方法多种多样，从传统的竹编技术到现代的固定方法都有广泛应用。传统的竹编技术常使用竹编和榫卯结构这两种：竹编是指利用竹条的柔韧性，通过交叉编织将竹条连接起来，形成坚固的结构，这种技术常用于制作竹篮、竹席、竹筐等；榫卯结构则是一种传统的木工连接技术，通过在竹材上开榫和卯使其相互咬合，形成牢固的连接。现代固定方法则常用绳子绑扎、钉子固定和胶水黏合这三种：绳子绑扎是指使用绳子将竹材紧密绑扎在一起，常用于临时性结构或需要灵活调整的连接；钉子固定是指使用钉子将竹材固定在一起，适用于需要快速和稳定的连接；胶水黏合则是指使用强力胶水将竹材黏合在一起，适用于需要隐蔽连接或无法使用其他固定方法的情况。

最后一定要切记，在进行切割、打磨和连接固定时，要佩戴适当的防护装备，在确保安全的情况下完成竹材的处理。要选择高质量的竹材和固定材料，这不仅可以确保连接处的牢固性和耐久性，还可以减少工艺制作对环境的影响。只要牢记以上制作步骤，并注意细节处理，就可以制作出各种坚固、美观的竹制品了。

（三）竹工艺品制作项目

为了培养学生的创造力和动手能力，并让他们在实践中掌握竹制品的制作技巧，可以设计一系列适合不同兴趣和技能水平的竹工艺品制作项目。这些项目通过循序渐进的方式，根据具体的难易程度，分为初级、中级和高级，既满足了学生的学习兴趣，也照顾到了不同程度操作经验与技艺水平的学生。每个阶段的项目都结合了实际的手工艺需求与创意思维的培养，从基础竹编篮子的简单制作，到充满艺术性的竹雕作品，再到具有实用价值的竹制家具设计与制作，逐步提升学生的技能。

初级项目主要面向刚开始接触竹工艺的学生，重点在于竹编技法的入门学习。竹编篮子是一个适合初学者、简单且实用的初级项目，通过这个项目，学生可以掌握基本的竹编技巧。第一步，准备竹条：将经过防腐防虫处理的竹材劈成细条，再使用砂纸进行打磨，并去除毛刺。第二步，编织竹篮底部：将几根竹条交叉编织，形成篮子的底部框架，再使用绳子或细铁丝固定交叉点。第三步，编织竹篮侧面：按照底部编织的方式，依次将竹条编织成篮子的侧面，确保每根竹条紧密交叉编织，并保证篮子的坚固性。第四步，收尾和固定：完成编织后，将竹条的末端固定好，再使用绳子或细铁丝绑紧，并检查整个篮子的结构，确保没有松动部分。

中级项目适合已经掌握了一定基础技艺的学生，目标是通过更复杂的竹雕艺术品制作，提升他们的动手能力和创造力。竹雕艺术品主要是通过雕刻竹子制作出具有艺术性的作品，这个项目可以进一步提高学生的细致工作能力和审美能力。第一步，设计图案：在竹材上用铅笔画出需要雕刻的图案。第二步，初步雕刻：使用雕刻刀进行粗雕，去除多余的竹材。在过程中注意使用安全手套，防止划伤。第三步，细节雕刻：在初步雕刻的基础上，根据设计图案进行细致雕刻，表现出图案的细节部分。第四步，打磨和修整：使用砂纸打磨雕刻好的竹材，去除毛刺和不平整部分。第五步，上色和装饰：使用画笔和颜料对雕刻好的竹材进行上色和装饰。等颜料干燥后，可以再次进行细致打磨，以确保作品表面光滑。

高级项目则为那些具有丰富动手经验且希望挑战高难度任务的学生而设计，主要内

容是竹制家具的制作。学生可以通过制作家具继续提高自己的综合技能和实用能力。第一步，设计和测量：根据家具的设计图纸，测量并标记需要切割的竹材尺寸。第二步，切割竹材：使用锯子将竹材切割成所需的长度，确保切割面平整，避免毛刺。第三步，组装框架：按照设计图纸，使用钉子和锤子，搭建好竹制家具的基本框架。对需要黏合的部分，使用胶水进行黏合，并用夹具固定，等待胶水干燥。第四步，细节处理：用砂纸打磨所有的连接部分，确保家具的平滑美观。第五步，上色和保护：对家具进行上色或涂漆，增加美观和耐久性。在这一过程中最好使用环保的涂料和保护剂，以确保家具的安全和环保。

通过这些循序渐进的竹工艺品制作项目，学生能够在不断的动手实践中提升创造力，磨炼工艺技巧，最终掌握竹子这种传统材料的多种运用方式。同时，参与这些项目还能让学生更加理解竹子的文化内涵和象征意义，在技艺提升的同时，增强对自然、工艺与生活的多维度思考和感悟。

在教学过程中，学生可以通过这些项目逐步掌握从简单到复杂的竹制品制作。教师也应该根据学生的实际情况，灵活调整项目的难度和内容，避免打击到学生的自信心。教师应该以鼓励为主、掌握为辅，鼓励学生发挥创造力，设计和制作出个性化的竹制品，以增强他们的学习兴趣和成就感。通过这些动手实践活动，学生不仅可以学习竹制品的基本制作技能，还能培养耐心、细致和创造力。

三、竹内涵的精神内化

竹内涵的精神内化指的是将竹子所象征的品格与精神，如坚韧、谦逊、正直和高尚，通过个人的认知与体验，逐步转化为自身的思想与价值观。这一内化过程不仅帮助人们更好地应对生活中的挑战，还能提升个人的素质与道德修养。

在这一过程中，首先，需要通过认识和理解竹子精神的象征意义，例如竹子"未曾出土便有节"的坚定品格，以及"外柔内刚"的坚韧内在。这些特质与品质可以为个人提供思想上的启发。其次，通过实践，人们可以将这些精神融入日常生活和行为。例如，在面对困难时学习竹子的坚韧不拔，在与他人相处时谦逊正直，或是在追求理想的过程中展现坚持不懈的态度。最终，这种内化过程有助于个人在人生中确立更为坚定的信念和道德标准，不仅在个人成长中发挥积极作用，也在参与社会事务时体现出一种超越自我的责任感和奉献精神。这一内化使竹子的象征性品德成为个人行为与人生观的一部分，进而塑造出具有高度修养和强大内在力量的个体。

（一）竹文化的精神内涵

自古以来，竹子就因其独特的生物特性而被赋予和寄托了丰富的象征意义，承载着人们对高尚品德的不懈追求。竹子不仅因为顽强的生命力象征着坚韧不拔的品质，还因为中空的枝干而被视为谦逊和虚怀若谷的象征。竹子四季常青、挺拔直立，无论面对怎样的环境，都保持着清高自洁的姿态，即使在逆境中也坚守着正直和纯洁。竹子的这些品质和精神犹如一盏明灯，指引着我们在面对生活中的各种挑战时，不轻言放弃，努力成为更好的自己。

当然，竹子的意义远不止于此，它凭借着自身完美的生物特性，为人们提供了许多启示和思考。竹子的柔韧性使其能够适应各种环境，即使在压力下也能弯曲而不折断，正如生活在当前高压下的我们，应该学习竹子的灵活，以乐观积极的心态顺应时代潮流和当前的社会环境，努力提升自己，适应社会；竹子直立生长、不弯不曲，象征着正直和不屈不挠的品格；竹子生长速度快，象征着迅速进步和发展；竹子成林生长、相互支撑，象征着团结和协作精神；竹子即使被砍伐也能迅速再生，象征着顽强的生命力和恢复力。这些精神内涵不仅广泛应用于文学和艺术作品中，也成为许多人在个人修养和行为准则上的参考。通过学习和践行竹子的精神，人们能够培养出更加积极、坚韧和谦逊的品格。

（二）竹文化精神和个人精神的内化过程

竹文化精神和个人精神的内化过程，是一个由外在的文化认知逐渐转化为个人内在品格的历程。竹子所象征的坚韧、谦逊和虚怀若谷等品质，首先通过文学、艺术以及社会传统进入人们的视野，然后随着理解的加深，逐渐融入个体的思想中，成为其行为和处世的指南。在日常生活中，个人可以通过反复践行，将这些精神从外在的文化象征转化为内在的自我修养。这一过程不仅强化个人的品格，也使得竹文化精神在现代社会中得以传承和发扬。

若想实现竹文化精神与个人精神的内化，需要通过以下几个步骤：首先，一定要深入学习和理解竹文化精神的内涵，与这些美好品质建立关联，不要停留在理论知识的表面。其次，通过自我反思识别个人行为中与竹文化精神相悖的部分，明确改进的方向。

然后，就可以进入人生观和价值观的重塑改造环节。在个人人生观、价值观的形成过程中，将竹文化精神作为核心要素，指导和修正自己的行为和决策。在内化完成后，持续修养也是十分有必要的，大家可以通过阅读、思考和交流，不断提升自己的精神境界。当然，在现代社会的背景下，个人精神与竹文化精神的内化也应顺应时代发展的需求，探索更适合竹文化精神与现代价值观的融合方式。

通过这些步骤，竹文化精神不仅能够在个人层面得到内化，还能够在更广阔的社会层面产生积极影响。对于个人，竹文化精神所代表的坚韧、谦逊、清高等品质，能够帮助人们在面对挑战和逆境时保持坚定与从容。这种精神内化不仅提高了个人的自我修养，还塑造了更强大的内心世界，使人们在日常生活和工作中更具韧性与适应性。此外，谦逊的态度和虚怀若谷的品德有助于个人与他人交往时和谐相处，促进良好的人际关系。对于社会，当竹文化精神广泛存在并内化于个体之中时，便形成了一个具有高度道德意识和责任感的社会群体。这种精神的普及与传承有助于构建一个更为团结、友爱、坚韧的社会，它鼓励人们在追求个人成功的同时，也关注社会的整体福祉，推动社会向更加和谐与可持续的方向发展。竹文化精神的内化不仅是对传统文化的传承，更是对现代社会道德风尚的升华。

（三）跨文化交流

了解和尊重不同文化中竹子的象征意义，是跨文化交流的重要过程。首先，我们可以横向对比各个文化中竹子的内在精神，了解其在艺术、文学、宗教和日常生活中扮演的角色，对比分析不同文化中竹子象征意义的异同，强调文化多样性和独特性。当然，也可以采取更为生动有趣的方法，如分享关于竹子的故事、传说和神话，让学生了解竹子在不同文化中的重要性，或展示不同文化中以竹子为主题的艺术作品，如绘画、雕塑、摄影等。除此之外，还可以学习与竹子相关的词汇和表达方式，了解不同语言中竹子的象征意义，从根源上体会竹文化的异同。

在进行横向对比的基础上，我们还可以通过纵向探索，从历史的角度深入研究在不同文化背景下，竹子在不同时期的文化意义。通过这种多维度的分析，不仅可以揭示竹子在不同时代中的象征和价值，还能更全面地理解其在社会发展中的独特作用。中国是世界上培育和利用竹子最早的国家，竹子与中国劳动人民的生活息息相关①。竹子的象征意义在不同时期的发展历程中逐渐丰富，体现了社会对道德与人格的不同期许。而在日本文化中，竹子常与净化、祈福相联系，象征着纯洁和好运，这种象征也随着日本社会的演变而逐步深化，影响着人们的日常生活与精神信仰。日本吸收了中国的竹文化，与日本固有的竹文化一起，形成了独特的日本竹文化②。这种变化与不同，让我们明白竹子作为文化象征和社会发展的重要组成，一直影响着不同时期、不同地区的人们的思想与生活。

当然，在条件允许的情况下，教育者也可以多多开展线下活动，组织跨文化的对话活动，让学生与来自不同文化背景的人交流对竹子的看法和感受；又或者组织学生参观植物园、艺术展览或文化节，实地了解竹子在不同文化中的运用；还可以参与不同文化中与竹子相关的节庆活动，身临其境地体会竹文化的不同内涵。这些活动不仅能够增进学生对竹子在不同文化下的意义理解，还能够培养学生的跨文化交流能力，使他们学会尊重和欣赏文化的多样性。

（四）竹子精神的现代应用

竹子精神在现代社会中的应用是一个广泛而深入的话题，它涉及个人品德、工作态度、学习动力以及人际关系等多个方面。竹子的坚韧不拔可以鼓励人们在面对困难和挑战时保持坚强和毅力；竹子的谦逊有礼可以提醒人们在社交中保持谦和，尊重他人。

个人品德的坚韧与毅力：竹子的坚韧不拔象征着在面对逆境和挑战时始终保持坚强与毅力。这种精神鼓励人们在生活和工作中不轻言放弃，不论是面对个人困难还是职业上的挫折，竹子精神都提醒我们要坚守目标，百折不挠。正如竹子能在恶劣的环境中依然顽强生长，人们也应在生活的风雨中找到内心的力量，通过自我调节和坚持不懈，最终实现自我突破。

工作态度中的坚持与灵活：在工作中，竹子的韧性和灵活性为人们树立了榜样。竹子在遇到风暴时能够弯曲不折，这种特性启示我们在工作中不仅要坚持初心，还要具备灵活应对变化的能力。在面对快速变化的市场环境和职场竞争压力时，竹子精神教导我

---

① 棉花糖. 壮美广西，多彩竹文化[J]. 学苑创造(7—9 年级阅读), 2023(10): 31-33.

② Yang S, Nie H, Fang H. Study on the characteristics of Japanese bamboo product design[C]//ISPE Inc. International conference on Transdisciplinary Engineering, 2017.

们要时刻坚守原则和核心价值观，同时在策略和方法上保持灵活，适应环境的变化。这样的工作态度不仅能让人们在职场中走得更远，也能让人们在长期发展中保持稳健。

学习动力中的虚心与进取：竹子的虚心向上特质尤其适用于现代社会的学习环境。如今，知识更新速度极快，个人和企业都需要不断学习以跟上时代的步伐。竹子中空的形象象征着谦虚好学的品质，提醒我们在学习中应保持虚怀若谷的心态，既要有勇于探索新知识的进取精神，又要时刻意识到自身的不足，乐于向他人学习。竹子的这种姿态引导现代人积极获取知识，推动个人成长与职业进步。

人际关系中的谦逊与尊重：竹子的谦逊有礼启示人们在社交和人际交往中应保持谦和与尊重。竹子的直立生长象征着坦荡和真诚，但它中空的内心又反映出谦虚和包容的态度。现代社会中，成功的人际关系往往建立在彼此尊重和谦逊待人之上。在与他人交往时，竹子精神提醒我们避免傲慢自大，懂得倾听和包容不同的声音，与他人建立和谐而真诚的关系，这不仅有助于个人的社交发展，也有助于创造更为友善和团结的社会环境。

团队合作中的共生与合作：竹子往往成林生长，彼此依靠而形成强大的生命力，这象征着团队合作与共生共赢的理念。在职场和生活中，个人成就的背后往往依赖于团队的共同努力。竹子的这种共生性启发我们，团队成员之间要互相支持、分工合作，才能共同应对挑战，实现更大的目标。竹林象征着群体的力量，提醒人们在群体中保持协作精神，发扬集体智慧，实现个人与集体的共同发展。

自我修养中的质朴与纯粹：竹子质朴纯粹的本质也为现代人提供了关于自我修养的启发。随着社会物质财富的快速增长，人们常常迷失在追求名利的过程中，而竹子的自然状态和朴实无华的气质则提醒我们要保持内心的纯净。无论是生活方式的选择，还是对待成功与失败的态度，竹子精神都倡导简朴和内在精神的提升，它教导我们珍惜简朴、尊重自然，同时也让我们在物欲横流的社会中保持内心的平静和专注。

竹子精神通过其独特的象征意义，为现代社会提供了全方位的指导。无论是个人品德的培养、工作态度的优化，还是学习中的进取精神与人际关系的处理，竹子都展示出了它的精神力量。在一个日益复杂和变化迅速的社会中，竹子精神不仅是传统文化的延续，更是适应现代生活的智慧，它提醒我们要在变化中保持坚守，在成功中保持谦逊，在合作中实现共赢。

第二节　竹文化教育的原则与方法

一、尊重和传承竹文化历史

2017 年 1 月，中共中央办公厅、国务院办公厅印发《关于实施中华优秀传统文化传承发展工程的意见》，首次以中央文件形式专题阐述优秀传统文化传承发展工作，其重要意义不言而喻。竹文化作为一种先进的文化，在中国数千年的发展过程中，与文字、诗歌、绘画、生活都有着千丝万缕的联系，从而形成了丰富多彩、独具特色的竹文化。自古以来，竹就被赋予了优良的品格，在远古时代，人们就将它视为一种图腾，并以之为祭。中国是竹文化之国，自古以来就有养竹、用竹的传统，它同人类的物质、精神生活息息相关。中国是竹类植物的起源地和世界上竹类品种最多的国家，截至 2022 年 6 月底，中国有竹类植物 47 属 770 种 55 变种 251 栽培品种[①]；且分布广泛，东至台湾、西到西藏、南至海南、北到黄河流域，历史上均曾为竹类分布区，堪称"竹的故乡""竹的王国"。丰富的竹类资源为中国竹文化的形成提供了基本条件。中国特有的竹文化不仅是中华传统文化的宝贵财富，而且在世界各民族的文化宝库中都占有一席之地。中华的优良传统文化是一种极富民族特色的文化。

竹是中国历史上一个重要的主题，是东方文明的象征，代表了中华民族的品格和情操。英国著名学者、研究东亚文明的权威李约瑟在《中国科学技术史》中指出，东亚文明过去被称为竹子文明，[②]中国则被称为竹子文明的国度，这一观点高度概括了竹在中华文明中的地位，其价值至今有增无减。我国人民历来喜爱竹子，中国也是世界上研究、培育和利用竹子最早的国家。从竹子在中国历史文化发展和精神文明形成中所产生的巨大作用，竹子与中国诗歌书画和园林建设源远流长的关系，以及竹子与人民生活的息息相关中不难看出中国不愧被誉为"竹子文明的国度"。没有哪一种植物能够像竹子一样对人类的文明产生如此深远的影响，我们把竹子给人类物质文明和精神文明带来的作用和影响，称为竹文化。

---

① 史军义，周德群，马丽莎，等. 中国竹类多样性、地理区划及发展趋势[J]. 世界竹藤通讯, 2022, 20(4): 5-10.
② INBAR. Bamboo in China | 中国为啥被称为"竹文明的国度"?[EB/OL]. (2018-05-07)[2024-11-18]. https://www.inbar. int/cn/bamboo-in-china/.

中国竹文化是中华优秀传统文化的重要组成部分，构成了中华传统文化的独特色彩。2000多年前的《吴越春秋》中就有"断竹，续竹，飞土，逐石"的古老歌谣，其描绘的是3000多年前先民们在野外打猎的情景。虽仅八个字，但其文化意蕴之深可见一斑。唐代咏竹诗的数量达到了205首[①]，主要集中在中唐，其次是晚唐；其中，白居易的诗歌创作最多，有22首[②]。中国历史上也存在着一个以竹子为比喻的专门学问团体，在中国革命、建设的历史上，前人也曾用竹子作诗，这是中国特有的一种现象。

竹子在中国历史上开发之深广、水平之高超、产业之巨大、从业之大众，无出其右。在中国，竹作为"八音"之一，已有数千年的历史，共有200多个品种，古代的交通工具和设备都和竹有很大的联系，古人用竹造竹车、竹排和船，还有桥梁工程。事实上，竹深入到天文、农耕、制盐、娱乐、雕刻等多个领域，它伴随着文明的发展而进步。北宋文豪苏轼感慨："庇者竹瓦，载者竹筏，书者竹纸，戴者竹冠，衣者竹皮，履者竹鞋，食者竹笋，焚者竹薪，真可谓不可一日无此君。"足见竹普及之广、运用之多。

竹文化源远流长，它是中国人民在漫长的生产生活过程中，以竹为主要特征的载体，创造出了丰富的物质财富与精神财富。作为中华传统文化的一个重要组成部分，竹文化带有浓厚的文学与审美、宗教与民俗、生活与乡土色彩。竹的天然特性与人的个性特征相匹配，是竹文化的核心，也是新时代不应该被遗忘的一种存在，它有着重要的保存意义。竹子不但有很高的经济价值，而且有很好的生态、旅游、观赏价值，在经济社会发展中具有重要的作用。竹文化的发展，不仅在物质层面满足了人们的需要，更在精神层面熏陶了人们的情操，成为品格的象征。它不仅是文人墨客笔下的常客，更是中华民族精神的象征。古人使用竹器的历史可追溯到史前时期，唐代的竹椅和尺八，宋代的竹花篮与茶具，直至今日的各种竹器，都彰显着竹在日常生活中与我们的息息相关。在人们眼中，竹子坚韧不拔、高风亮节，寓意着坚韧不屈、清正廉洁的品格。

中国竹文化就是以竹为载体的中国文化，就其内容来说可以分为竹文化景观和竹文化符号。竹笋、竹制书写工具、工艺品、乐器、舞蹈道具、日用器物、生产工具、建筑、交通工具等是构成器物的物质材料，文化内涵的显示不是竹本身而是竹所构成的器物及其使用规范，它能显示出文化性的人化了的自然，或者说是中华民族为了特定的实践需要而有意识地用竹所创造的景象，此为竹文化景观。宗教、文学绘画、伦理规范中的"竹"

① 马利文. 唐代咏竹诗研究[D]. 南京: 南京师范大学, 2008.

② 赵钰. 白居易松竹诗歌研究[D]. 汉中: 陕西理工大学, 2024.

本身即直接表现与象征着人的情感、思维、观念、价值、理想等精神世界，此为竹文化符号。

二、多手段联系竹文化实践活动

马克思在《政治经济学批判》序言中指出："物质生活的生产方式制约着整个社会生活、政治生活和精神生活过程。人的存在不是由人的意识来确定的，而是人的社会活动决定着人的存在。"马克思并未给文化的本质下定义，但他表达了他对文化的基本观点，认为人类的实践活动是文化发展的最基本动力。在新的时代背景下，要实现竹文化的创造性转化，就需要以现代化为主题和参照物，在实践中给竹文化注入新的时代精神和内涵，这样才能与现代文化和谐相处。竹文化在被赋予了新的时代内涵之后，更多地契合了中国当代的发展潮流，融入了国家的整体战略部署，为中国的社会主义建设注入了强劲的精神力量。只有实践才能证明一切，要以提高文化自觉和文化自信为前提，科学地继承现存的竹文化成果，在新时期改革的进程中，使竹文化创造性地转化和发展。

在教学实践中，教师对竹文化的内涵进行发掘，探求竹的教育价值，从而构筑具有个性的校园文化的灵魂，并总结出固本树德以培其根，风清雅正以化气质，济人利物以塑造价值的育人经验。学校对中华优秀文化的继承与发扬，对青少年进行科普教育，使他们了解人与自然、人与社会之间的紧密联系，有利于发展学生的智力和创造能力。从教育的角度来看，学校选择竹生长的故事、竹和人的故事，按照系统的方式来进行实践活动的安排，并按照校园活动和各种课程的价值目标导向来分发，让孩子们在时间和空间中穿梭，感受历史，理解文化，积累人文内涵，这对他们的成长大有裨益。竹子是学校智育和德育的重要组成部分，它是一种就地取材、简便易行的教育资源。通过竹文化研究性综合实践，学生能在认竹、学竹、知竹的过程中体验竹之美，继承与弘扬竹文化精神。文化实践课程以竞赛、健身、研究、劳动为主要内容，让同学们能更好地适应新时期快速发展的竞争环境。举办竹文化比赛，如竹子艺术设计与创作比赛、竹子雕刻比赛，展示竹文化课程的成果。在德育课程体系中，通过扩展课程的实施，设置竹雕、创客、竹竿舞、葫芦丝、制作、绘画等与竹文化有关的课程，培养学生的兴趣和情感，进行情景式的系列教学和体验式的活动。

竹文化在新时代的创造性转化和创新性发展过程中，离不开教育实践的深度参与和广泛推广。通过丰富多彩的文化实践活动，竹文化不仅得以传承和弘扬，更在青少年心

中生根发芽，成为他们成长道路上不可或缺的精神食粮。

竹文化实践活动的多维度探索可具体分为四类，首先是开设竹文化主题课程与项目式学习。学校将竹文化融入课程体系，设计了一系列跨学科的主题课程，如"竹与生态环保""竹工艺与现代设计""竹文学与艺术创作"等。通过项目式学习，学生围绕特定主题，从竹子的生长习性、生态价值、历史渊源、文化象征、工艺应用等多个维度进行深入研究。他们走进竹林，观察竹子的生长过程，记录数据，撰写观察报告；在实验室里，通过科学实验了解竹材的物理化学性质；在美术室，用画笔和刻刀表达自己对竹文化的理解和感悟；在信息技术课上，利用数字工具设计竹制品的 3D 模型，探索竹材在现代设计中的应用潜力。这种全方位、多角度的学习方式，不仅加深了学生对竹文化的认识，还培养了他们的探究精神、创新思维和团队协作能力。

其次是建立竹文化体验活动与实践基地。学校建立竹文化体验活动与实践基地，为学生提供亲身体验竹文化的平台。在这里，学生可以参与竹子的种植、养护、收割等全过程，感受自然与劳动的和谐共生。同时，基地还设有竹编、竹雕、竹制家具制作等传统手工艺工作坊，邀请非遗传承人现场教学，让学生亲手制作竹制品，体验传统工艺的魅力。此外，学校还定期组织竹文化研学旅行，带领学生参观竹产业园区、竹文化博物馆，了解竹产业的发展现状和竹文化的深厚底蕴。这些实践活动不仅让学生近距离接触竹文化，更激发了他们对传统文化的热爱和保护意识。

再次是开展竹文化竞赛并搭建展示平台。为了激发学生的参与热情和创造力，学校举办了一系列竹文化竞赛和展示活动，如"竹韵青春"竹文化主题征文比赛、"竹影婆娑"摄影大赛、"匠心独运"竹工艺品设计大赛等，这些活动不仅为学生提供了展示自我、交流思想的舞台，还促进了竹文化的传播与普及。同时，学校还利用校园网、微信公众号等新媒体平台，开设竹文化专栏，定期发布竹文化资讯、学生作品展示等内容，拓宽了竹文化传播的渠道和影响力。

最后是促进竹文化与社区服务的融合。学校鼓励学生将竹文化学习成果与社区服务相结合，开展一系列公益活动。例如，组织学生到社区开展竹编教学、竹文化讲座等活动，让更多人了解竹文化；利用竹材制作环保用品，如竹篮、竹筷等，倡导绿色生活理念；参与竹林保护项目，参与植树造林、病虫害防治等工作，为保护生态环境贡献自己的力量。这些活动不仅增强了学生的社会责任感和公民意识，还促进了竹文化在社会各界的广泛传播和深入影响。

三、多文化融合创新竹文化教育

中国特色社会主义已进入新的时期，我国对教育工作的新要求，需要开发和整合原来的道德教育模式和道德教育资源，以适应学生发展的需要，推动学生健康、全面地发展。由一门课程走向多元文化，以学校竹文化的特点为基础，进行"竹品育人"的道德教育课程建设，旨在转变教师的传统道德教育理念，并以此为基础，通过项目实施最终形成一套完整的校本道德教育课程体系。"竹品育人"德育课由学校德育顶层设计、德育教材建设、德育工作机制、德育人才的培育和评估四个部分组成。所有的课程都是以学校为中心，自主确定、自主研发，符合时代特点，符合学生的发展需要，它是学校大课程体系中有特色、有活力、内容丰富、主题鲜明的一部分，与国家课程、地方课程一脉相承。学校竹文化德育课程以德育活动、思政教育为主，内容包括劳动教育、美德教育、传统文化教育、红色文化教育、艺术教育、行为习惯培养、创新创造教育等竹文化德育项目的全面开发和研究，并将其融入"竹品育人"的课程之中，形成目标明确、内容丰富、教育手段多样、评价科学、活力有效的乡村教育样板。

文化是深植于民族生命力、创造力和凝聚力之中的一种能量，它是学校德、智、体、美、劳的一种教育资源，并且可以就地取材，使用起来非常简单，非常适用于综合实践课、社团活动、艺术教育、学校德育等方面。要将竹文化全面地渗透到国家教育，包括思想道德教育、文化知识教育、艺术体育教育、社会实践教育等各个方面。发掘民俗风情，找到切入点，把传统竹文化融入各个阶段的学习，与各个科目的教学之中，让学生在潜移默化中逐渐领悟到传统竹文化的内涵。在此基础上，通过各种训练方式，引导教师在"竹"的天地中感知"竹"的精神，发掘"竹"的教育价值，从而提高课堂教学水平，并对学生进行有效的教学指导。在高校教育方面，设置专门的竹文化课程，编写相应的教科书，并由专业教师讲授，这对学生进行系统的竹学研究是有益的。浙江农林大学在 2018 年开设了专门的竹文化课程，在弘扬竹文化的领域走在全国前列。对大学生开展的竹文化认同现状调查表明，学生对竹文化认同总体上处于中等以上水平。与此同时，政府、行业协会和企业要联合起来，加大对竹产业、竹产品和企业的宣传，使其在产业中发挥更大的作用。在政府的引导下，通过网络、电视、报纸等多种媒介对竹产品进行全方位的宣传，提高整个社会对竹产业及竹产品低碳、环保、健康的认识，营造出"食竹、用竹、爱竹"的良好环境。举办国家级和省级竹业专题展，广泛开展各类展会，扩大竹产品在市场上的影响力。推动中华传统文化"走出去",核心要义在于讲好中国优秀文化故事,弘扬和传播中华文化价值观,以提升国家软实力构建中的文化吸引力、影响力、感召力。

从竹文化与哲学思想的融合来看,竹,自古便被视为"四君子"之一,其坚韧不拔、虚怀若谷、节节高升的品质,深刻体现了中国传统哲学中的自强不息、厚德载物等精神。在教育实践中,我们可以将竹的这些哲学寓意融入课程设计,如通过"竹之精神"主题班会、竹文化读书会等形式,引导学生学习竹的坚韧品质,培养他们在面对困难和挑战时坚持不懈、勇往直前的精神风貌。同时,竹的中空特性也启示我们要保持谦逊,学会倾听他人意见,这种哲学思想对培养学生的团队合作精神和人际交往能力具有重要意义。

从竹文化与美学教育的结合来看,竹之美,不仅在于其形态之挺拔、色彩之清雅,更在于其所蕴含的自然韵味和人文情怀。在教育领域,我们可以将竹文化融入美学教育,开设竹艺创作、竹编技艺、竹雕艺术等特色课程,让学生在动手实践中感受竹材的质感和美感,培养他们的审美能力和创新思维。此外,通过组织竹文化摄影展、竹文化诗词朗诵会等活动,可以进一步激发学生的审美情趣,提升他们的艺术修养。

从竹文化与生态教育的融合来看,在当今社会,生态文明建设已成为时代的重要课题。竹作为一种快速生长、可再生资源,其在生态保护、水土保持、空气净化等方面具有显著优势。因此,将竹文化与生态教育相结合,不仅有助于培养学生的环保意识,还能引导他们积极参与生态文明建设。我们可以利用校园内的竹林资源,建立生态教育基地,组织学生开展竹林生态考察、竹子种植养护等实践活动,让学生在亲身体验中了解竹的生态价值,学会尊重自然、保护自然。

从竹文化与跨文化交流的角度来看,在全球化的今天,跨文化交流已成为不可或缺的一部分。竹文化作为中华传统文化的重要组成部分,其具有独特的魅力和广泛的影响力。我们可以通过举办国际竹文化节、竹文化论坛等活动,邀请国内外专家学者、艺术家、学生等共同参与,分享竹文化的研究成果和创作经验,促进不同文化之间的理解和尊重。同时,我们还可以将竹文化元素融入国际教育交流项目,如"一带一路"沿线国家的文化交流活动,让竹文化成为连接不同国家和地区人民的友谊之桥。

为此,挖掘竹文化、竹资源,以"竹趣""竹韵""竹辞"为主要内容,结合不同年龄段的学生,进行竹文化的挖掘和资源的深层次挖掘,是一种行之有效的方法。运用信息技术进行与竹相关的创作,增强学生的计算思维,进行数字化学习,增强信息意识,并在此基础上，建立与竹文化有关的课程体系，加强教师对学校文化的认同，并逐渐形成以竹文化为主体、多元文化共存的校园文化，从而加深对学生思想政治教育的理解。

第三节　竹文化教育的评价与反馈

一、竹文化教育的评价

（一）教育效果评价

竹文化教育在教育效果层面的卓越表现，无疑为教育领域注入了新的活力。其缜密设计的教育体系与丰富多彩的实践活动，使学生系统掌握了竹文化的深厚底蕴与相关知识，更在无形中激发了他们对这一传统文化的热爱与探索欲望。值得一提的是，竹文化教育的影响远不止于知识层面，它在塑造学生情感态度、引导价值观形成方面同样发挥着不可替代的作用。

1. 知识体系的建构与掌握

在竹文化教育的熏陶下，学生展现出了对竹文化知识的了解与精准把握。他们不仅能够系统地追溯竹文化的历史渊源，并描绘出其发展演变的轨迹，更能够洞悉其背后所承载的深厚文化底蕴与哲学思想。学生对此全面且深刻的认知，丰富了自身的文化素养，也为他们将来在相关领域进行学术探索及实践活动提供了强有力的支撑。

2. 情感态度的培育与转变

竹文化教育的魅力还在于它能够触及学生的内心，引发他们情感上的共鸣与转变。随着学习的深入，学生对竹文化的认同感与自豪感日益增强，他们开始更加珍视这份宝贵的文化遗产，并积极投身于其传承与弘扬的实践中。竹文化教育实现了学生情感态度的培育与转变，无疑为传统文化的传承注入了新的动力与活力。

3. 价值观的塑造与引领

竹文化教育在价值观塑造方面也发挥着举足轻重的作用。通过引导学生深入探索竹文化的生态价值、艺术价值以及人文价值，帮助他们树立起正确的生态观、审美观和人生观。这种价值观的引领将帮助学生更好地认识自我与世界，并在未来的生活中积极践

行这些价值观，为社会的和谐与进步贡献力量①。

竹文化教育在教育效果方面的出色表现，不仅体现在知识层面的掌握与传承，更在于它对学生情感态度与价值观的深远影响。这种全方位、多层次的教育效果，证明了竹文化教育在现代教育体系中的重要地位与不可替代的作用。

（二）教育资源评价

竹文化教育在教育资源方面呈现出丰富性和独特性的特点。各类竹文化相关的教材、教具以及实践基地等为学生提供了广阔的学习空间。然而，教育资源的分布和利用仍存在不均衡的问题，需要进一步优化和整合。

1. 教材与教具的开发

针对竹文化教育，已经开发出一系列丰富的教材和教具。这些资源涵盖竹文化的历史、艺术、科技等多个领域，而且以图文并茂、生动有趣的方式呈现，极大地激发了学生的学习兴趣。同时，一些创新性的教具，如竹编工艺品、竹制乐器等，使学生在动手实践的过程中更深入地理解了竹文化的内涵②。

2. 实践基地的建设

为了让学生更直观地了解竹文化，多地建立了竹文化实践基地。基地集种植、加工、展示、体验于一体，为学生提供了亲身参与和体验竹文化的机会。通过实地参观和学习，学生能够更深入地了解竹子的生长过程、加工技艺以及竹制品的制作流程，从而增强对竹文化的感性认识和理性理解。

3. 资源整合与利用

尽管竹文化教育资源丰富，但其在地域分布和利用效率上仍存在一些问题。一方面，一些地区的竹文化教育资源相对匮乏，难以满足学生的学习需求；另一方面，部分资源未能得到充分有效的利用，造成了一定程度的浪费。因此，未来需要进一步加强资源的整合和优化配置，提高资源的利用效率，确保每一位学生都能享受到优质的竹文化教育资源。

4. 教材资源评价

当前的竹文化教育教材已经涵盖了竹文化的历史、艺术、生态等多个方面，内容翔

---

① 陈惠. 让竹文化融入到幼儿的一日生活中[J]. 华人时刊(校长版), 2016(5): 1.
② 余小柳. 竹编技艺在小学美术教学中开发与研究[J]. 读天下(综合版), 2018(24): 1.

实且结构明晰。然而，随着研究的深入和新的发现，部分教材的内容稍显陈旧，未能及时反映竹文化的最新研究成果和动态。此外，学生对于新知识、新观点的需求日益增长，这就要求教材能够与时俱进，不断更新和完善。因此，教材编写者和教育者需要保持敏锐的市场触觉，及时将最新的研究成果和教育理念融入教材中，以满足学生的学习需求。[①]

5. 师资力量评价

在师资方面，现有的教师队伍普遍具备较高的专业素养和教育能力，为竹文化教育的普及和推广做出了积极贡献。但不可忽视的是，目前尚缺乏一批既懂竹文化又擅长教育的专业人才。这类人才不仅需要对竹文化有深入的研究和理解，还需要具备将复杂知识简单化、将传统文化现代化转化的能力。因此，加强师资培训、引进专业人才、建立完善的激励机制等举措势在必行。通过这些措施可以进一步提升竹文化教育的教学质量和影响力。

6. 实践活动资源评价

实践活动是竹文化教育的重要组成部分，对于增强学生的实践能力和创新意识具有重要意义。目前，各类竹文化实践活动层出不穷、形式多样，为学生提供了丰富的实践机会。然而，一些活动在组织和实施过程中存在不规范、缺乏系统性等问题。例如，部分活动的目标和内容不够明确，导致学生参与后收获有限；另外，一些活动的评价和反馈机制不完善，难以准确衡量学生的实践成果和进步情况。为了解决这些问题，需要建立完善的实践活动管理体系，明确活动的目标和内容，制定合理的评价和反馈机制，以确保实践活动的有效性和针对性。同时，还需要加强与相关机构和企业的合作，共同打造高质量的实践活动平台，为学生提供更多的实践机会和资源。

（三）教育环境评价

竹文化在教育环境方面追求和谐与生态。通过营造浓厚的竹文化氛围和优美的校园环境，为学生提供良好的学习条件。然而，在教育环境的营造过程中，仍需注意保持其持续性和特色性。

---

① 张伯兴. 陶行知关于教学方法的论述及其现实指导意义[J]. 生活教育, 2006(2): 9-12.

1．校园文化氛围的营造

为了营造浓厚的竹文化氛围，许多学校在校园内种植了大量的竹子，并设置了相关的文化展示区。这些举措美化了校园环境，为学生提供了随时随地学习和感受竹文化的机会。同时，学校还定期举办竹文化主题的活动和比赛，如竹编比赛、竹子画作展等，进一步激发了学生对竹文化的热爱和参与度。

2．教育设施的完善

在教育设施方面，学校不断完善与竹文化教育相关的硬件设施。例如，建立专门的竹文化教室或工作室，配备齐全的工具和材料供学生使用。教育设施的完善为学生提供了更好的实践平台和学习条件，有助于他们更深入地探索和体验竹文化的魅力。

3．持续性与特色性的保持

在教育环境的营造过程中，需要注重保持其持续性和特色性。一方面，要确保竹文化教育的持续推进和深入发展；另一方面，要突出竹文化教育的独特性和创新性，避免与其他文化教育雷同或混淆。为此，学校可以加强与当地竹产业、竹文化研究机构等的合作与交流，共同推动竹文化教育的发展和创新。

二、竹文化教育的反馈

（一）学生反馈

通过广泛的资料收集和案例研究，我们收集了学生对竹文化教育的真实反馈。这些宝贵的意见不仅揭示了竹文化教育的独特魅力，也指出了当前存在的一些问题与不足，为我们的改进工作提供了有力的依据。

1．学习体验反馈

在谈到学习体验时，许多学生表示，竹文化教育让他们领略到了传统文化的深厚底蕴，感受到了竹所蕴含的坚韧与雅致。他们沉浸在竹编工艺、竹诗赏析等多样化的学习活动中，对竹文化产生了浓厚的兴趣[1]。然而，也有一些学生反映，当前的教学活动在互动性和实践性方面还有待加强，他们期待能够有更多的机会亲自动手操作，更深入地体验竹文化的魅力[2]。同时，他们也希望教师能设计更多富有创意和启发性的教学活动，以

---

① 王伟，张培坚，徐哲霄. 寻找竹趣、体验竹技……在浙东大竹海学生们感受竹文化的魅力[N]. 现代金报，2023-09-08.
② 以竹育人　铸就校园文化特色[EB/OL]. (2021-07-16)[2024-09-08]. https://wenku.baidu.com/view/.

激发他们的学习热情和创造力。

2．教学效果反馈

在教学效果方面，大部分学生给予了积极的评价。他们认为，通过竹文化教育的学习，自己不仅掌握了丰富的知识，还在情感态度和价值观上得到了提升，特别是在生态意识、审美情趣和创新精神方面有了明显的进步[①]。然而，也有部分学生提出，教师在讲解过程中可以更加注重生动有趣和贴近实际。教师可以结合生活中的案例，运用幽默风趣的语言，让竹文化知识更加鲜活有趣，更易于理解和接受。

（二）教师反馈

教师在竹文化教育实践中所反馈的意见，是对教育成效的揭示，同时也暴露了存在的问题和需改进之处。教师对于教学过程的感悟和对未来教学的期待，为进一步优化竹文化教育提供了宝贵的参考。

1．教学体验分享

在竹文化教育的实施过程中，教师普遍感受到了这一教育形式所带来的独特魅力。他们发现，通过竹文化的传授，学生不仅对传统文化有了更深的了解，而且在实践操作中也展现出了更高的热情和创新精神。同时，竹文化教育为学生提供了一个亲近自然、感悟生命的平台，有助于培养他们的生态意识和审美[②]。例如，四川省在成都市双流区双华小学，"咏竹诗"课程以智育为主，学校深入挖掘竹文化内涵，整合历史、文化、诗歌等资源，编撰《竹韵悠悠，浅吟低唱》《竹园小语》等读本，学生在晨读、暮诵和课前三分钟活动中积极参与。教师也坦言，在教学过程中确实遇到了一些挑战。例如，如何更有效地整合和利用竹文化资源，使之更加贴近学生的实际需求，是一个亟待解决的问题。此外，由于竹文化教育涉及的知识领域较为广泛，如何提升自身的专业素养，以便更好地引导学生，也是教师普遍关注的问题[③]。

2．教学困惑与挑战

在具体的教学过程中，教师反映了一些困惑和挑战。首先是教学资源的获取和整合

[①] 胡雅丹. 仰天湖金峰小学开展"竹文化景观"主题研学实践活动[EB/OL]. (2023-04-20)[2024-08-16]. https://new.qq.com/rain/a/20230420A08PE600.

[②] 石彩霞, 李慧, 张春花, 等. 以竹育人和谦韧 春笋萌新始向阳——成都市双流区双华小学"五育"融通竹文化课程探索[N]. 中国教育报, 2024-09-06.

[③] 史志明. 从教师角度谈新时期和谐师生关系的构建[J]. 河南科技学院学报, 2010(3): 94-97.

问题。虽然竹文化资源丰富多样，但如何将这些资源有效地融入课堂教学中，使之既符合教育目标又能引起学生的兴趣，是一个需要深入思考的问题。其次是教学方法的选择和应用问题。传统的教学方法往往难以充分展现竹文化的魅力和价值，而创新的教学方法又需要教师具备较高的专业素养和操作能力，如何在传统与创新之间找到平衡点，是当前教师们所面临的困局。因此，教师希望学校能够加强竹文化教育资源的建设和共享，为他们提供更多优质的教学素材和案例。同时，学校应该加大对教师专业培训的投入，帮助他们提升竹文化教育的教学水平和能力。此外，建议学校定期举办竹文化教育的教学研讨和交流活动，以便教师之间能够及时分享教学经验、解决教学问题。

3. 教学期待与展望

教师对竹文化教育充满了期待。他们希望学校能够进一步完善竹文化教育的课程体系和教学大纲，明确各阶段的教学目标和要求。同时，学校应该注重竹文化教育与其他学科的融合与渗透，使之成为推动学生全面发展的有力抓手。此外，随着科技的不断进步和教育理念的不断创新，学校也期待竹文化教育能够与时俱进，探索出更多符合时代需求的教学方法和手段。例如，在南京师范大学道德教育研究所的竹文化活动实践中，学校希望通过整合资源、创新思路，从不同维度实施竹文化主题实践活动，帮助学生在活动参与、体验中增强自信。

（三）教育管理部门反馈

随着竹文化教育在教育体系中的地位逐渐提升，教育管理部门对其的重视程度也显著提高。然而，在实际的政策制定和实施过程中，仍然暴露出一些问题，这些问题不仅关系到竹文化教育的长远发展，也直接影响到学生的学习效果和教师的教学质量。

1. 政策制定反馈

具体到竹文化教育的政策制定反馈，目前已有关于校本课程建设的实践与思考，以及以竹文化为核心的校本课程研究汇总的信息。这些信息表明，各地中小学在竹文化教育方面进行了不同程度的尝试与探索，并取得了一定成效。例如，有关研究表明，各地中小学校根据各年段学生的实际情况，参考竹文化课程资源所涵盖范围的大小，确定各年段校本课程所涉及的内容。另一研究则强调通过竹文化与学科整合提高学生的探究与创新能力，使校园文化特色形成以竹子神韵为核心。教育管理部门制定政策的初衷在于推动竹文化教育的规范化、系统化和科学化，从而更好地实现教育目标。然而，政策的完善并非一蹴而就，其需要不断根据实践中的反馈进行调整和优化。

目前，部分政策内容虽然涵盖了竹文化教育的主要方面，但在细节上仍显得不够具体和明确。例如，对于竹文化教育的课程设置、教学资源配置、教师培训等关键问题，政策中并未给出明确的指导和建议，导致各地在执行过程中存在一定的盲目性和随意性。此外，政策对竹文化教育与其他教育领域的融合与衔接也缺乏足够的关注，这在一定程度上限制了竹文化教育的发展空间和影响力。因此，教育管理部门需要在广泛征集各方意见的基础上，对竹文化教育政策进行进一步的细化和完善，确保其既具有宏观的指导意义，又能满足微观层面的实际操作需求。

2. 政策实施反馈

政策的有效实施是确保竹文化教育健康发展的关键。然而，在实际执行过程中，部分学校和地区却暴露出落实不到位、执行力度不够等问题。这些问题的存在不仅削弱了政策的权威性和有效性，也严重制约了竹文化教育的实际效果。

一些学校在推进竹文化教育时，往往只注重表面形式而忽视了实质内容。例如，有些学校虽然开设了相关的课程和活动，但在教学资源投入、教师培训等方面显得捉襟见肘，导致教学质量难以得到保障。同时，部分学校在执行政策时缺乏足够的灵活性和创新性，过于依赖传统的教育模式和手段，难以激发学生的学习兴趣和积极性。

针对这些问题，教育管理部门需要采取切实有效的措施加以解决。一方面，可以通过建立健全的监督机制和评估体系，对各地各校的政策执行情况进行定期检查和评估，确保政策得到全面、准确的落实。另一方面，还可以加大对竹文化教育的宣传力度和推广力度，提高全社会对其的认知度和认可度，从而为其发展创造更加有利的外部环境。同时，教育管理部门还应鼓励和支持学校在竹文化教育领域进行大胆的创新和实践，以探索出更加符合时代需求和学生特点的教育模式和方法。

第七章
竹文化育人的实践案例

竹文化具有"正直谦逊，诚信友善"的精神品格和高尚品质，在学校教育中起着非常重要的作用，在教育体系中需要不断传承竹文化，深度挖掘竹文化精神底蕴，将"竹韵"融入教育课程中。浙江是竹林大省，竹林面积达 94.09 万公顷，长期以来，浙江竹产业水平领跑全国，形成浙江区域特色鲜明的格局。浙江农林大学是国内最早开展竹类研究的高校之一，同时是浙江省重点建设高校，是浙江省与农业农村部、国家林业和草原局双共建高校。浙江农林大学通过对竹文化的深度挖掘，开设"竹韵"特色课程，融入竹文化精髓，展现其丰富的教学理念、创新能力和竹文化精神内涵，培育具备实践能力和综合素质的优质"竹韵"青年。

一、"竹韵"科研，助力振兴

浙江农林大学自 1980 年起设置了全国首个竹类专门化专业，随之先后成立竹类研究院、竹子研究院，针对竹领域培育大量高知人才，凝聚青年才俊，紧跟数字时代潮流，大力开展数字科技创新，积极进行技术推广，造福广大以竹为生的人民。在竹子种质创新、优良品种繁育、竹食品、竹材加工利用、竹林高效经营、竹林碳汇等基础研究和产业技术研发上，形成了一批高水平、标志性成果。其中为助力乡村振兴、建设浙江共同富裕示范区、响应"碳达峰碳中和""一带一路"等国家战略/倡议、科技赋能竹产业转型升级，浙江农林大学成立了高水平创新平台——竹子研究院。该研究院重点利用创新技术开展竹基新材料制造、竹废料高效回收利用、竹种资源创新培育、竹林生态稳固等方向的研究应用和技术攻关，注重乡村一二三产业融合和理论研究实践转化（图7-1）。

图 7-1　竹标本（摄于浙江农林大学竹韵棠）

浙江农林大学竹子团队在"竹韵"文化熏陶下，继承竹之品格，坚持理论与实践相结合，将论文研究充分应用于竹产业振兴道路中，与地方合作建立竹产业发展示范园区、共建研发中心、技术推广培训和乡土专家培养，打造集创新团队、科技特派员、乡土专家于一体的服务体系，将最新研发科技成果应用于乡村振兴竹产业发展中，助力农民增收致富。竹子团队通过在川渝地区长期扎根帮扶，现已取得突破性进展，助力川渝地区竹产业取得跳跃式的发展，使其竹文化旅游、文旅产业、竹食品加工、竹浆造纸及竹纤维与纺织等多个工艺产业领域皆位居全国前列，为川渝地区人民带来竹文化福音，通过竹产业高质量发展，助力乡村振兴和百姓共富。

"新竹高于旧竹枝，全凭老干为扶持。明年再有新生者，十丈龙孙绕凤池。"竹具有无私奉献、生生不息、顽强的良好品格，竹子团队继承这种品格深入全国各地，将自己的研究理论化为实践力量，助力乡村振兴、致富一方百姓。自 20 世纪 70 年代末开始，竹子团队依靠技术支撑，为安吉开启了因竹而兴、因竹而富的新时代，助力其建立毛竹现代科技园，推动竹加工产业发展，壮大以竹林为特色的旅游业、康养产业，并将其实践成功的经验在山川乡、天荒坪镇示范推广。20 世纪末，竹子团队来到浙江省林业大县遂昌，利用学校所学知识用仪器对竹林里的土壤进行分析，将学校最新的实用竹林经营技术毫无保留地传授给广大竹农，并因地制宜，为每一块土地开出了"药方"，将"覆盖出笋"技术传授给农民，使竹林能够提前出冬笋，多产冬笋，极大地提高了竹林产量，促进了遂昌的经济高质量发展。

二、"竹韵"科普，研学交流

浙江农林大学东湖校区内为向学生科普竹文化开设了竹韵棠和竹木科技馆。竹韵棠为浙江农林大学集竹文化展示、教学、科研和科普于一体的文化馆，自建立之后深受师生喜爱（图 7-2）。馆内现有各类藏品逾 2100 余件，包括 950 余件竹笋、竹竿、竹蜡叶等标本，650 余件竹工艺品，以及 500 余件竹饮料、竹炭、竹醋液、竹保健品、竹纤维等

图 7-2　竹韵棠入口照片（摄于浙江农林大学竹韵棠）

产品，极具创新科普意义。这些丰富的藏品不仅展现了我国丰富的竹文化，也使竹韵棠成为校内竹文化教学与科研的重要基地，是浙江农林大学的竹文化瑰宝。竹木科技馆是以科研成果展示、科技产品推广和竹木科学知识普及为特色的文化馆，主要展示了林业工程学科历年承担的"863""973"和省部级项目及成果，其中有获国家技术发明奖二等奖的"刨切微薄竹生产与应用"、国家科学技术进步奖二等奖的"竹炭生产关键技术、应用机理及系列产品开发"等重大科研成果。多样"竹韵"科普馆的建立，为师生对竹文化的科普学习提供了便利，丰富了竹子研学方式及体验。

2024 年 7 月，塞尔维亚诺维萨德大学孔子学院"汉语桥"夏令营的 26 位师生来到浙江农林大学竹子研究院进行为期 2 天的"竹韵"研学交流活动，在增进两国学生友好交流的基础上，感受竹文化的深层内涵，体验竹子的奇妙之旅。在本次特色竹研学过程中，竹子研究院老师围绕竹文化、竹科普、竹科技创新以及竹工艺，进行竹研学系列课程活动的设计。在课程设计中以探索竹为主线，包括竹生长历程、形态、功能等，通过户外探索、课堂讲授以及实践体验等多元方式，从多方面带领研学学员体验感悟竹之魅力、竹文化之意蕴，感知中华传统文化的智慧和厚重。竹研学学员们在研学导师带领下，参观了竹研究院、实验室以及竹韵棠等，了解竹子的生命起源和生长过程，体会其鲜活顽强的生命力。通过课堂讲解以及参观科普，带领学员从竹编工艺到竹纤维科技体会竹工艺所展现出的人文特色和科技创新。此次研学课程设计还加入了翠竹园探险和打卡活动，增强学员的参与体验感，带领学员走进自然，零距离学习竹林生态知识，多维度了解竹林生态系统，并且利用刨切微薄竹技术制作永生花和竹书签，在深入体验竹文创乐趣的同时，见证竹科技的发展。在本次竹研学活动中，竹子研究院注重对竹科技和中国传统竹文化等优质资源进行多维度的可视化呈现，将"竹韵"与研学紧密结合，在传播中华优秀传统文化、宣传竹文化的同时促进国际文化交流。

三、"竹韵"创新，发展继承

自 2015 年开始，浙江农林大学秉承"开拓、创新、绿色、低碳"的原则，其录取通知书一直以毛竹为原材料，并运用该校自主研发的刨切微薄竹技术制作印刷，其制作工艺和所用材料在全国皆独一无二，曾获国家技术发明奖二等奖，被称为"史上最有科技含量的录取通知书"，也是"最低碳"的录取通知书。不仅如此，录取通知书的制作每年还融入新的专利技术并不断迭代升级。

浙江农林大学相关负责人表示，竹子本身具有低碳环保的特点，是生态环保材料，自古以来就是记录文化历史的重要媒介，在古代被广泛运用于竹简制作。刨切微薄竹技术以竹材为主要原料，经竹片集成竹方，竹方软化、刨切，薄竹强化等工序制成大幅面薄片状竹质材料，同时使用先进的热压、防腐、印刷等技术处理，在多个方面有重大创新，成果达到国际先进水平。运用浙江农林大学自主研制的高水平科技成果刨切微薄竹技术制作录取通知书，使用竹之本色，展现竹之色泽，观竹之纹理，体会竹墨淡香。由于其录取通知书采用刨切微薄竹技术，具有全球唯一、科技创新、特色鲜明、绿色低碳、纯手工制造、美观大方、科技感十足等特点，一直是录取通知书界"网红"般的存在，引发学生争相打卡拍照。浙江农林大学 2024 年版录取通知书，在秉承原先技术原则和设计形式的基础之上，进行了迭代更新。改良后材质更加均质、透明、柔韧，文化韵味、生态寓意更加浓厚丰富，刨切微薄竹更加挺括，可任意对折、侧压以及卷曲成轴。

通知书的"网红"之处不仅体现在制作工艺上，还体现在设计中。对开形式的封面除去"录取通知书"和"求真、敬业"的校训字样外，还通过"红鲤鱼""银杏水面"等设计元素，寄托对即将入学学子的深厚祝福和期许。通过每一份 3D 版刨切微薄竹手工录取通知书，向新生传递学校保护生态、发展科技、弘扬文化的价值观，向学生展现竹文化韵味，并许下希望新生学子如竹般挺拔生长的期许。

第二节　竹品赋能社区教育——以湖州市安吉县为例

安吉县位于浙江省湖州市，是一片被青山绿水环抱的土地，气候温和、雨量充沛，为竹子的生长提供了得天独厚的条件。安吉县的竹林覆盖率高达 70%，是中国著名的竹乡之一，丰富的竹资源不仅为当地经济发展提供了坚实的基础，也孕育了深厚的竹文化底蕴。20 世纪 50 年代，安吉县以毛竹（*Phyllostachys edulis*）竹材丰产培育为主，在全县总结推广《毛竹丰产八字经验》。半个多世纪以来，安吉县的毛竹林面积和蓄积量均实现了显著增长：面积从 1957 年的 3.58 万公顷增长到现在的 5.84 万公顷，蓄积量 1.8 亿株，年采伐量 3000 万株。随着技术设备的引进和创新，竹加工从手工制造向机器制造快速转型，竹材利用实现从卖原竹向进原竹、从用竹竿向用全竹、从物理利用向生化利用，从单纯加工向链式经营的四次转变，达到全竹高效利用，跨入了现代竹工业化利用新阶段，形成了以天荒坪镇、孝丰镇、开发区三大区域所组成的空间格局，成为全国竹加工制造业的集群地，安吉县也被授予"中国竹地板之都""全国竹凉席之都""中国竹纤维产业名城"等称号[①]。

一、"竹品"教育，浸润人心

在风景如画的安吉县，竹文化如同一股清泉，流淌在每个人的心田，它不仅是大自然赋予的宝贵资源，更是这片土地上人民精神世界的璀璨瑰宝。竹子，以其独特的生命力和象征意义——坚韧不拔的意志、谦逊有礼的态度、清雅脱俗的气质，深深根植于安吉人民的心中，成为一种精神图腾，引领着他们追求真善美，倡导和谐共生的生活理念。

安吉县的竹编艺术是竹文化的杰出代表。一根根纤细的竹丝在匠人的巧手下，交织出精美绝伦的图案和造型。从实用的竹篮、竹筐到精美的竹雕摆件，每一件作品都凝聚着匠人的心血和智慧。竹制工艺品则以其多样的形式和独特的设计，展现出竹子的自然之美和艺术价值。这些作品不仅是物质上的享受，更是精神上的寄托。它们讲述着古老的故事，传承着悠久的历史文化。每一个触摸到它们的人都能感受到那份来自自然的温暖与纯粹。竹编艺术和竹制工艺品的精湛技艺，体现了安吉人民对美的追求和对生活的热爱。在制作过程中，匠人需完成选材、劈篾、编织等多道工序，每一道工序都要求精益求精。这种对技艺的执着追求，正是匠人精神的体现。同时，竹子本身所具有的坚韧、挺拔、谦逊等品质，也赋予了这些作品更深层次的精神内涵。它们象征着安吉人民坚韧不拔的意志、谦逊有礼的品德和清雅脱俗的气质。

在安吉县的教育体系中，竹文化课程被赋予了极高的地位。学校不仅是知识的殿堂，更是传承与弘扬竹文化的重要阵地。通过开设竹编艺术、竹文化历史等特色课程，学生得以深入了解竹子的生长过程、竹文化的历史沿革及其背后的深刻寓意。在竹编艺术课程中，学生学习劈篾、编织等基本技巧，亲手制作竹编作品。在竹文化历史课程中，他们了解到竹子在中华传统文化中的重要地位，以及安吉竹文化的发展历程。这些课程不仅丰富了学生的知识储备，更培养了他们的审美能力和创造力。学校鼓励学生亲手参与竹艺制作，将理论知识转化为实践技能。在动手操作中，学生感受着竹子的柔韧与力量，体会着匠人精神的精髓。他们明白了只有充分保持耐心、细心和恒心，才能制作出精美的竹编作品。这种实践操作不仅提高了学生的动手能力，也培养他们的责任感和团队

---

① 黄勇, 柴庆辉, 吕衡, 等. 基于灰色理论的安吉竹产业发展分析[J]. 竹子学报, 2022, 41(2): 67-73.

合作精神。校园内的竹文化主题活动，如竹艺展览、竹文化知识竞赛等，更是将竹文化的种子播撒到每一个角落。竹艺展览展示了学生的优秀作品，激发了他们的创作热情。竹文化知识竞赛则通过问答的形式，加深了学生对竹文化的认识和理解。这些主题活动营造了浓厚的文化氛围，让每一个学生都能在其中茁壮成长。

走出校园，竹文化的活力同样在社区中熠熠生辉。安吉县的社区成为竹文化传播与交流的温馨港湾。定期举办的竹文化节不仅是一场视觉与感官的盛宴，也是社区居民共同参与的盛会。在这里，大家可以目睹竹艺大师的精湛技艺，亲手体验竹编的乐趣，共同分享竹文化带来的喜悦与感动。竹文化节为居民提供了一个交流互动的平台，促进了邻里之间的感情，增强了社区的凝聚力。社区中心设立的竹艺工作坊，成为居民学习交流、切磋技艺的好去处。在这里，不同年龄、不同职业的人们因为共同的爱好而聚在一起，共同探索竹文化的无限可能。他们互相交流经验，分享创作心得，共同提高竹艺水平。竹艺工作坊不仅丰富了居民的业余生活，更传承和弘扬了竹文化。竹文化讲座、交流活动等丰富多彩的活动，也让社区居民在轻松愉快的氛围中不断加深对竹文化的认识与理解。竹文化讲座邀请专家学者为居民讲解竹文化的历史、艺术和精神内涵，拓宽了居民的视野。交流活动则为居民提供了展示自己作品的机会，激发了他们的创作热情。这些活动促进了社区文化的繁荣发展，提升了居民的文化素养。

竹文化在安吉县的教育实践与生活传承中，展现出了强大的生命力和独特的魅力。它不仅丰富了人们的文化生活，提高了居民的文化素养，更在潜移默化中塑造了安吉人民坚韧不拔、谦逊有礼、清雅脱俗的精神面貌。竹编艺术和竹制工艺品以其精美的造型和独特的设计，培养了人们的审美能力。通过欣赏和制作这些作品，人们学会了发现美、感受美、创造美。竹文化历史悠久，蕴含着丰富的历史文化内涵，通过学习竹文化，人们了解到了祖先的智慧和创造力，传承了中华民族的优秀传统文化。竹子所具有的坚韧、挺拔、谦逊等品质，影响着安吉人民的精神世界。同时，竹文化活动为社区居民提供了一个交流互动的平台，促进了邻里之间的感情，增强了社区的凝聚力。在共同参与竹文化活动的过程中，居民学会了合作、分享和关爱，促进了社区的和谐发展。

安吉县的竹品教育是一种富有特色和价值的教育模式，它将竹文化与学校教育、社区生活紧密结合，通过特色课程、实践操作、主题活动等多种形式，传承和弘扬了竹文化。在这个过程中，人们不仅丰富了自己的文化生活，提高了自己的文化素养，也塑造了自己的精神品质。相信在未来的日子里，安吉县的竹品教育将继续发挥其独特的作用，为培养德、智、体、美、劳全面发展的社会主义建设者和接班人做出更大的贡献。

二、"竹品"开发，文旅共荣

竹文化在推动地方经济发展方面也发挥了重要作用，安吉县以竹为媒，绘就了一幅传统与现代交织、文化与经济共荣的绚丽画卷。竹产业如同一片繁茂的竹林，为当地居民提供了广阔的就业空间。

安吉县拥有丰富的竹资源，这为竹产业的蓬勃发展提供了坚实的基础。竹产业如同一片繁茂的竹林，为当地居民提供了广阔的就业空间。从竹林的管理维护到竹材的加工制作，再到竹产品的设计销售，整个产业链条吸纳了大量劳动力。安吉县的竹林需要精心管理和维护，才能保持其生态平衡和可持续发展。护林员们穿梭于竹林之间，进行巡逻、防火、防虫等工作，确保竹林的安全。同时，他们还积极参与竹林的培育和更新，提高竹林的质量和产量。这些工作不仅为当地居民提供了就业机会，还保护了生态环境，实现了生态与经济的良性互动。竹材的加工制作是竹产业的核心环节，安吉县的工匠们凭借精湛的传统技艺，将一根根竹子变成了精美的竹制品。从竹筷、竹篮等日用品到竹雕、竹编工艺品等艺术品，每一件作品都凝聚着工匠们的心血和智慧。企业家们引入先进的加工设备和技术，提高了生产效率和产品质量。例如，采用自动化生产线生产竹家具，不仅降低了成本，还提高了产品的稳定性和美观度。此外，他们还积极开发新型竹材料，如竹纤维复合材料、竹炭纤维等，拓展了竹产品的应用领域。在当今竞争激烈的市场环境中，竹产品的设计和销售至关重要，安吉县的设计师们充分发挥自己的创造力，设计出了一系列新颖独特、环保实用的竹制品。他们将现代设计理念与竹文化元素相结合，打造出了具有时尚感和文化内涵的竹产品。同时，企业家们积极拓展销售渠道，通过线上、线下相结合的方式，将安吉的竹产品推向国内外市场。他们参加各类展会和贸易活动，展示安吉县竹产品的特色和优势，吸引了众多国内外客户的关注和订单。

安吉县竹产业的持续发展，离不开对竹产品开发和创新的不断追求。企业家们开发出了一系列新颖独特、环保实用的竹制品。竹家具以其天然环保、美观耐用等特点，成为绿色家居的新选择。安吉县的竹家具企业采用优质的竹材，经过科学的处理和加工，制作出了各种风格的竹家具。从简约现代到中式古典，从沙发、餐桌到书架、衣柜，竹家具的种类丰富多样，满足了不同消费者的需求。同时，竹家具企业还注重产品的设计和质量，不断推出款式新、功能新的竹家具，提高了产品的市场竞争力。竹纤维纺织品以其柔软舒适、抗菌除臭等特点，受到了消费者的青睐。安吉县的竹纤维企业采用先进的生产工艺，将竹材加工成竹纤维，再制成各种纺织品。从毛巾、浴巾到床上用品、服装，竹纤维纺织品的应用范围广泛。同时，企业家们还注重产品的研发和创新，不断推出新的竹纤维产品，如竹纤维面膜、竹纤维内衣等，满足了消费者对健康、时尚的需求。竹炭保健品以其吸附有害物质、调节人体酸碱平衡等特点，成为养生保健的新宠。安吉县的竹炭企业采用优质的竹材，经过高温炭化等工艺，制作出了各种竹炭保健品。从竹炭鞋垫、竹炭枕头到竹炭面膜、竹炭牙膏，竹炭保健品的种类繁多。同时，企业家们还注重产品的质量和效果，不断进行研发和改进，提高了产品的市场竞争力。

安吉县巧妙地将竹文化资源与生态旅游相结合，打造了一系列以竹为主题的旅游项目，如竹海观光、竹文化博物馆、竹工艺品体验工坊等。这些旅游项目不仅展示了竹文化的深厚底蕴和独特魅力，还为游客提供了一个亲近自然、放松身心的绝佳去处。安吉县的竹海是一道美丽的风景线，吸引了众多游客前来观光，游客可以漫步在竹林之间，感受着清新的空气和自然的美景。他们可以欣赏到竹子的挺拔身姿、翠绿的竹叶和摇曳的竹影，领略到大自然的神奇与美丽。游客还可以参加各种户外活动，如徒步、骑行、露营等，体验大自然的乐趣。竹文化博物馆是了解竹文化的重要场所。博物馆内展示了丰富的竹文化展品，如竹编工艺品、竹雕艺术品、竹乐器等。游客通过参观这些展品了解了竹文化的历史与传承。同时，博物馆还举办各种竹文化活动，如竹编技艺展示、竹雕艺术创作等，让游客亲身体验竹文化的魅力。竹工艺品体验工坊是游客亲手制作竹工艺品的好去处，他们在工匠的指导下学习竹编、竹雕等技艺，制作出属于自己的竹工艺品。这种体验式旅游项目不仅让游客感受到了竹文化的魅力，还提高了他们的动手能力和创造力。同时，游客还可以将自己制作的竹工艺品带回家，作为纪念品或礼物送给亲朋好友。

随着竹文化旅游的兴起，越来越多的游客慕名而来，不仅带动了当地餐饮、住宿等相关服务业的发展，还极大地提升了安吉县的知名度和美誉度，为地方经济发展注入了新的活力。

安吉县的竹品开发实现了文旅共荣，为地方经济发展注入了新的活力。竹产业的发展为当地居民提供了广阔的就业空间，提高了居民的收入水平；竹产品的创新满足了市场对高品质、绿色健康产品的需求，提升了安吉县竹产品的市场竞争力；竹文化旅游的发展展示了竹文化的深厚底蕴和独特魅力，为游客提供了一个亲近自然、放松身心的绝佳去处。相信在未来的日子里，安吉县将继续发挥竹文化的优势，推动竹产业的发展，打造更加美丽、富饶、和谐的竹乡。

三、"竹品"传承，展望未来

随着竹文化教育的深入开展，教育资源的不足问题逐渐凸显：部分学校的竹文化课程设置较为单一，缺乏系统性和全面性；部分社区的竹文化活动形式和内容相对简单，难以满足居民日益增长的文化需求。为了提升竹文化教育的深度和广度，建议加大课程建设和教学研究力度，丰富活动形式和内容，提高教育的针对性和实效性；建议政府和社会各界加大对竹文化教育的投入力度，提供更多的教育资源和经费支持。

竹文化作为中华传统文化的重要组成部分具有独特的历史价值和文化内涵。因此其他地区在开展竹文化教育时应充分重视竹文化的传承与发展工作，将其纳入地方文化建设和教育体系之中。通过开设相关课程、举办文化活动等方式，加强居民对竹文化的认识和了解，推动竹文化的传承与发展。在不同地区开展竹文化教育时，应充分考虑当地实际情况和资源禀赋，制定切实可行的教育方案。例如，可以根据当地的竹资源分布情况、经济发展水平以及居民文化需求等因素，设计符合当地特点的教育内容和活动形式，确保竹文化教育工作的针对性和实效性。

加强师资队伍建设、提高教育质量师资队伍是竹文化教育工作的关键。为了提高教育质量，各地区应加强师资队伍建设，培养一支具有专业素养和教学能力的竹艺教师队伍。通过加强培训、交流等方式，提高教师的业务水平和教学能力，确保竹文化教育工作能够顺利开展并取得良好效果。

展望未来，竹文化教育将在传承与创新中不断发展，为培养具有民族精神和文化自信的新一代贡献力量。随着社会的不断进步和人们文化需求的日益增长，竹文化教育将越来越受到重视和关注。未来竹文化教育将更加注重课程建设和教学内容的创新，注重培养学生的实践能力和创新精神；同时还将加强与相关产业的融合，推动竹文化在地方经济发展中发挥更大的作用。

第三节　竹林激活文旅促教——以益阳市桃江县为例

桃江县隶属湖南省益阳市，位于湖南中部偏北，属于亚热带季风性湿润气候，因境内桃花江而得名，有"美人窝""建材之乡"等美誉。同时，桃江县还以拥有丰富的楠竹资源闻名，拥有大量的竹林，是中国十大竹乡之一，前总理温家宝曾亲笔题词将其命名为"楠竹之乡"。桃江县现有竹林面积 61.9 千公顷，占全县林业用地面积的 47.3%，立竹 1.68 亿株，竹资源总量为全国第三，湖南第一①。近年来，县委、县政府着力推进楠竹资源开发，以桃江竹笋"一县一特"为主导特色发展竹文化旅游，成功打造了国家非遗传承基地（小郁竹艺），建成了中国（桃江）竹文化博览馆，创建了两家 3A 级旅游景区（桃花江竹海、安宁竹谷），并计划申报国家 4A 级旅游景区等文旅项目。同时以竹产业为依托，桃江县加速构建产业发展新格局，竹材加工行业领先全国实现全竹利用。在文化教育上，桃江县充分利用竹资源，形成了独具特色的竹文化体系，在保存展示当地丰富的文化内涵的同时，促进了当地经济社会的全面发展。

一、竹文化课程构建与教学实践

桃江是传统的竹业大县，是全国十大竹乡之一，竹资源丰富，竹文化元素自然融入当地百姓生活的方方面面，在教育方面也具有多元化。

近年来，全县全面推广应用"以竹代塑"产品，竹制课桌椅随之进入校园，格外受孩子们青睐。竹制课桌椅在充分满足学生学习需求的同时，使空气中充满了清新的竹香和环保的气息，成为校园内一道亮丽的风景线。桃江县积极倡导并实践竹廉文化特色校园，将以竹代塑的环保理念及其相关产品深度融入校园生活的方方面面，不断强化师生对生态环境保护的意识与责任感，共同营造一个更加绿色、可持续的学习与成长环境。

根植于桃江这片沃土深厚的竹文化底蕴，"桃花江竹玩"系列教具应运而生。教育部门与企业合力研发，共同倾注创意与智慧，创新设计了一系列竹制玩教具及其配套的游戏课程，在满足丰富的教育价值的同时，更体现了对传统文化的现代诠释。目前，"桃花江竹玩"系列已经成功渗透到全县超过 30 所幼儿园的日常教育、中小学的课后服务活

---

① 湖南省统计局. 桃江县竹产业发展现状和前景分析[EB/OL]. (2011-11-04). http://tjj. hunan. gov. cn/tjfx/sxfx/yysl.

动、研学实践体验以及文化旅游项目中，激发了孩子们对自然之美的热爱与探索欲。这一创新举措不仅丰富了教学资源，更在潜移默化中培养了孩子们对传统文化的认同感与环保意识，逐步塑造出一个具有鲜明地域特色、充满生命力的文化教育品牌——"桃花江竹玩"，让竹文化的传承与创新在更广阔的舞台上绽放光彩。

二、竹文化主题旅游与校外课堂

桃江县以文体康为核心，在文旅融合发展上多维度地展开了一幅匠心独运的绚丽画卷。在文化领域，桃江县巧妙利用竹林生态得天独厚的优势，深入挖掘"美人窝"文化的深厚底蕴，并整合张子清村红色教育基地、益阳竹廉文化教育基地等宝贵资源，将竹文化与红色文化、清廉文化、美人文化等巧妙融合，精心策划了红色旅游、清风廉旅、绿色旅游等精品旅游线路，并凭此获得全国休闲农业与乡村旅游示范县、中国最佳休闲康养名县等殊荣，构筑了独特的文旅高地，实现了文化、教育与旅游的深度融合。

为进一步提升竹文化的社会影响力，桃江县精心规划了一系列竹文化主题旅游线路，如桃花江竹海、壹方山水等20多处竹林旅游景区景点，其中桃花江竹海景区的打造，是桃江县以点带面、推动全县竹旅文体康融合发展的战略举措。近年来，桃江县以笋竹产业为核心，融合文化、旅游、体育、康养（大健康）等多个领域，借助电子商务等新兴业态和科技创新的力量，既彰显了地域特色，又实现了多元化发展，进一步擦亮了"楠竹之乡""美人窝"这两张璀璨的名片，为全市文旅体康千亿元级产业"桃江集群"贡献了重要力量。此外，桃江县还成功建立了天问书院、竹艺体验园、国家非遗传承基地（小郁竹艺）和湖南首座以竹为灵魂的中国（桃江）竹文化博览馆等，让游客亲自参与竹艺制作，感受传统工艺的魅力，吸引游客尤其是学生群体作为寓教于乐的校外课堂前来学习竹文化，增长知识，了解并传承我国宝贵的传统文化。同时，撬动全国学生定向运动训练基地品牌优势，依托百万亩竹林资源，积极承办第十届中国竹文化节，先后举办了中国（桃江）山地户外健身休闲大会、"北斗杯"全国青少年体育大赛等国家级赛事，为宣传当地竹文化，激活当地旅游产业的持续繁荣注入了强劲动力。桃江县一直朝着构建一个竹林美食、寓教于乐、生态康养等功能集聚的高品质旅游度假区方向不断努力。

三、竹文化产业发展与社区效益

竹文化作为中华传统文化的重要组成部分，在现代社会中展现出巨大的产业发展潜

力和广泛的社会效益。竹文化教育与旅游的结合，不仅能够提升居民的文化素质，增强社区凝聚力，还能促进地方经济的发展。桃江县作为一个典型的竹资源丰富地区，经过多年来的探索实践，通过政策引导和市场机制，成功推动了竹产业的转型升级，并通过鼓励社区居民参与竹产品的设计、制作与销售，形成了产业与教育相互促进的良性循环。

竹产业作为当地的支柱产业，不仅直接创造了大量的就业机会，还带动了相关产业的发展，如旅游、交通、餐饮等。这些产业的发展为地方经济注入了新的活力，促进了区域经济的整体提升。桃江县政府高度重视竹产业的发展，充分利用市场机制引入现代企业管理理念和先进的生产技术，推动竹产业转型升级，不断创新竹产业的应用，提高竹产品的质量和附加值。同时，加强与国内外市场的联系，拓宽销售渠道，提升市场竞争力。桃江县政府和企业联合开展竹制品制作技能培训，面向社会为社区居民提供学习机会，以期通过培训提高居民技能水平和就业能力，增强社区的凝聚力和向心力。

在这个过程中，竹文化教育与产业发展是紧密结合的，教育成为推动产业发展的重要力量。通过教育，居民可以了解竹文化的内涵和产业的发展趋势，从而为产业发展提供人才支持。同时，产业的发展也为教育提供了实践平台，使教育更加贴近实际、更加有针对性。

竹产业的发展促使社区居民围绕竹文化形成共同的目标和兴趣，通过共同的努力，实现经济上的提升和文化上的繁荣。这种共同参与的过程提升了居民的文化素质、增强了社区的凝聚力和向心力，使社区更加和谐稳定。政府定期举办竹文化节庆活动，如竹文化节、竹制品展销会等，吸引游客和居民参与。这些活动不仅增进了当地竹文化的聚合力，还促进了竹产品的销售和文化的传播，增强了人们对竹文化的认同感和兴趣。这种经济与教育相互促进的良性循环促进了地方经济的发展，也为竹文化的传承和发展提供了新的动力和平台，是建设美丽乡村、发展"一村一特"的生动案例，值得学习参考。

第八章
竹文化育人的挑战与对策

第一节　竹文化育人当前面临的困境

习近平总书记在全国高校思想政治工作会议上强调，"要更加注重以文化人以文育人，广泛开展文明校园创建，开展形式多样、健康向上、格调高雅的校园文化活动，广泛开展各类社会实践[①]"。近年来，校园文化育人工作越来越受到重视，竹文化作为中华优秀传统文化，我们也对其进行了深度挖掘。借助文化的载体、平台、形式、氛围等"软手段"，竹文化育人工作取得了显著成效，但是育人工作仍然存在着认同困境、践行困境与推进困境。

一、存在文化认同困境，竹文化教育乏力

首先，文化传承与现代教育的融合面临着时代难题。竹文化是中华传统文化的重要组成部分，但在现代教育中，如何将这一优秀传统文化与现代教育体系有效融合，使其在学生中得到传承和发展，是一个重大挑战。部分地区对竹文化不够重视，导致竹文化课程的展示形式较为单一，未能很好地将竹文化嵌入相关学习教材、融入课堂教学中。另外，"竹文化育人"课程体系构建也不完善，对竹子内涵的创新缺乏动力，加之广大教师对竹文化的认同感较低，且教师的科研能力有待提升。此外，竹文化育人融入深度不足，多以德育、美育展开，而体育、劳育较少，教师技能良莠不齐，体育器材没有供应渠道，所以如空竹这种需要耐心和毅力的民族传统体育项目显得有些"过时"，有关竹子劳育的课程难以持续开展。

---

① 习近平在全国高校思想政治工作会议上强调：把思想政治工作贯穿教育教学全过程开创我国高等教育事业发展新局面[J]. 实践(思想理论版), 2017(2): 30-31.

其次，教育资源分配不均衡，竹文化育人效果地域差异明显，竹文化课堂教学质量堪忧。在一些地区，尤其是偏远地区，教育资源相对匮乏，教育设施和技术较为落后，新媒体技术使用不成熟，影响了竹文化育人效果的普及和提高。以浙江省某所小学为例，在德育课程体系中试行"竹品育人"课程，开设了与竹文化相关的竹刻、竹竿舞、葫芦丝、制作、绘画等有特色的课程，孩子们通过课程的学习不仅能提高自身的核心素养，还能培养兴趣情操，提高了动手能力、设计能力等，竹文化传承也获得了长足的发展。但大部分学校的竹文化课程并不完善。受气候差异与地区资源限制，个别学校对竹文化育人的重视程度存在差异，南方高校常开展以竹为主题的专业课、选修课、暑期社会实践活动，如非遗竹编技艺的传承学习等；而偏北方高校较少开展以竹为主题的相关课程与活动，或草草带过，流于表面形式。

最后，在当今社会环境和短视频时代背景下，学生群体容易受到来自社会舆论与主流媒体等各方面的影响。虽然推进竹文化进校园的举措不少，但实际成效并不显著。如青少年容易接触到大量娱乐和流行文化，而对传统文化的了解和学习兴趣相对较低。部分学生急功近利，追逐学科分数，心态浮躁，难以静心学习传统文化或深入体验竹文化之精髓，对学校开设的竹文化课程实践得过且过，这个因素从根本上逻辑性地制约着青少年竹文化教育的开展[1]。另外，一些学生对竹文化熟悉度一般，一些常识性问题仍不熟知，虽然对竹文化理性上接受与支持，但对竹文化教育存在着一定的认识误区，认为竹文化教育只是简单地传授一些竹诗词、竹编技巧等，没有实际意义[2]。

二、存在文化践行困境，育人实践效果不佳

首先，在当下大学、中学、小学的文化育人工作中，多以校园的文化活动为载体，通过社团活动、科技创新活动、志愿服务等活动进行实践践行，所举办的丰富多彩的校园活动强调精神文明建设的重要性，但其中大多为娱乐性活动，文化育人活动相对较少。在设计方案、活动组织、效果评价方面缺乏以文化人方面的考量，活动内容不符合学生发展实际，育人方法不为学生所喜闻乐见。例如，有些教育者举办的文化育人活动往往是为了追求活动效应而举办的短期的、形式性的活动，缺乏长效机制，学生参与活动的

① 刘宏森. 青少年传统文化教育的四大障碍[J]. 中国青年政治学院学报, 2014, 33(3): 72-76.
② 谢典, 王淑桢, 勾波. 新时代中华优秀传统文化融入高校网络思政教育的现实困境与实践进路[J]. 知与行, 2023(5): 14-21.

初衷是为了拿到学分，只是在表面上参与到了校园活动的过程中。对于学生而言，这样只追求短期效应的活动并不能使学生真正地受到竹文化的熏陶与教化，高校文化育人工作实践难以落到实处。

其次，教材与课程的制定标准不够统一，竹文化育人的效果如何评价和衡量，目前还没有一个完善的评价体系。在竹文化建设中缺乏先进的考核评价机制，导致教师难以及时掌握其育人效果，从而无法对活动内容与形式进行针对性的优化和改进。目前，竹文化进校园、进教材的呼声很高，已多次出现在校园和相关课程中，但是呈现松散而不凝聚、高调而不持久的情状，不符合学科的知识结构与学生的认知规律。过度强调竹子所蕴含的道德价值，而忽略了实际的生物科学知识，从而使教材内容口号泛化和形式化。同时，"进教材"的实践也陷入了学科固化的认识误区，将竹子搬到任意学科进行强行插入，或校本课程的制定因没有经过系统的审定，出现不符合学习逻辑和学科标准的情况。如何将优秀的竹文化内容转化成既贴合时代要求又符合教育逻辑的教材内容，是中华优秀传统文化教材建设面临的重点和难点问题[①]。

最后，教育氛围营造不足，学生兴趣和参与度低下。在信息爆炸和多元文化冲击的今天，如何激发学生对竹文化的兴趣和参与度，让他们主动学习和传承竹文化，是一个需要解决的问题。传统的灌输式教育模式难以引起学生的兴趣和参与度，在实际操作中，由于缺乏系统性和整体性的设计，文化互动的形式和内容显得较为单一。例如，竹文化实践课常停留在识竹、画竹、采竹笋、学习竹的古诗词等流程化操作中，实践课后的评选与总结阶段并不到位。又如，现代技术用于文化育人的实效不乐观，数字课堂、数字场景等数字化技术的使用并不成熟，由于缺乏竹文化与育人媒介的紧密联动机制，或以竹文化符号、竹园的营造形式简而代之，校园环境建设缺失竹文化内涵的氛围营造。

三、存在文化推进困境，传承效果弱化

首先，师资队伍的专业能力较弱，部分地区缺乏相应的课程专业教师，均衡配置较差，开展文化育人工作的教师比例较低。主要表现为教学方法和手段相对滞后，因此对教学环节缺乏整体设计，课内课外无法流畅衔接，导致课程门类偏孤立化、教育内容碎

---

① 董小玉，刘晓荷. 新时代中华优秀传统文化进教材的理性审思[J]. 教师教育学报，2022，9(2): 77-84.

片化，降低了教学效果。另外，学历、职称、年龄结构不够理想，不能完全适应竹文化育人发展需要，缺乏一定数量技艺精湛、专兼结合的双师型高素质教师队伍，如掌握关键竹技术的师资队伍来支撑学校育人的进一步发展，所以不能满足学校发展目标的要求，需要尽快提升教师质量。有些学校偏重对学生进行竹文化知识点的灌输，相对缺少对竹文化蕴含的民族精神、道德情操、人文涵养的深入挖掘和宣讲。

其次，竹文化相关传承人大多已年老，后继乏人，年轻的非遗传承人稀缺，具备政治素养、国际视野、媒介素养的新媒体人才较少，这些都限制了竹文化育人效果的发挥。目前，中国国内学者对竹文化进行研究的人较多，成果丰富，但熟练并掌握非遗竹文化的教师凤毛麟角。受地域限制，竹文化、竹编存在着时空、内涵、技术等的差异，不同省的非遗传承各有千秋，各校对竹文化的弘扬也各有侧重点，对于传承型师资队伍的建设收效甚微，复合型教育与传播人才屈指可数。同时，受教师培训学时完成率不高，模式单一、级别偏低等影响，可能存在教师专业培训不足、对竹文化理解不够深入等问题。另外，教师中不同程度地存在缺乏强烈的社会责任感和重道义、勇担当精神的现象。部分教师缺少浓厚的家国情怀，对事业缺少热情，工作不负责任，教学敷衍草率。全员全方位、全过程师德育人亟待养成。

最后，受限于教学资金压力，多数学校需要通过政府支持完成竹文化相关育人课程与活动。优质的竹文化资源需要进行收集、利用，并转化为每个学习阶段的资源，包括前期的调研、课程设计到实操等环节，但由于政府资助有限和社会资本投入不足，资金成了推进竹文化育人项目的一大障碍。如偏远地区的乡村学校，在数字信息不畅通、教学资源不平衡甚至短缺的情况下，难以正常开展可持续性的育人实践，它们更倾向于主流课程的教学与辅导。

第二节　发展竹文化育人价值的路径思考

一、融入教育体系，培养文化自觉

当前，我国高等教育正步入一个全新阶段，信息技术的多元化应用极大地丰富了学生的学习渠道。然而，这一变化也伴随着网络信息在学生生活中的广泛渗透，导致学生更易受到外来文化的深刻影响，进而使得我国传统文化在学生的认知体系中所占比例逐渐下降，其影响力趋弱。大学生正处于人生观构建的关键时期，他们对众多议题持有独特见解，且往往处于青春叛逆期，一旦形成某种观点便较难改变。尤其面对传统且理论性强的知识体系时，学生在文化接纳上会遇到较大困难。在此背景下，将竹文化与思政教育深度融合，提取思政教育中与政治、文化、道德、哲学相契合的元素，经过适当改造与创新后融入思政教育的各个环节，可以有效增进学生对优秀传统文化的理解与认同，从而产生强大的价值导向力量，助力学生树立正确的文化观念。同时，借助优秀传统文化的熏陶，可以稳固学生的思想根基，削弱其他文化对其潜在的影响，激发学生对中华优秀传统文化的自豪感和自信心。当学生在面对复杂多变的社会环境时，能够保持冷静的头脑和理性的判断，并在此基础上积极主动地传承和弘扬传统文化，促进竹文化在当代社会的广泛传播与持续发展。竹之美，不仅在于其根深蒂固之稳、虚怀若谷之谦、中空有节之韧，更在于其顶天立地之姿，展现了自然界中独有的风骨与韵致。针对当前教育模式普遍存在的单一化问题，亟须勇于探索，创新教育模式，如引入项目式学习、探究式学习等先进方法，让学生在实践中探索真知，在体验中茁壮成长。同时，应积极拓展教学内容，将竹文化的多元面向——从竹编工艺的精巧到竹画艺术的神韵，再到竹诗词的深远意境——巧妙融入教学之中，使学习之旅充满色彩与深度。为强化竹文化教育的师资力量，必须加大对教师的培训投入，通过组织专业培训、学术交流等活动，让教师深刻理解竹文化的精髓与价值，进而提升他们的专业素养与教学能力，使其掌握高效而富有创意的教学方法。此外，构建竹文化育人实践平台亦不可或缺，如设立竹文化实践基地、举办竹文化主题研学活动等，让学生在亲身参与中感受竹文化的独特魅力与精神内涵，从而激发文化自信与责任感。在此基础上，我们提炼出"立足自我，融入集体，胸怀家国，展望未来"的带班育人理念，并巧妙地将竹元素作为精神内核，渗透到教育体系的每一个细微之处，旨在引导学生实现个人价值的最大化，同时鼓励他们将个人梦想融入国家与民族的复兴大业之中，成为担当民族复兴大任的时代新人。为深化竹文化教育的内涵与外延，我们需采取跨学科整合的策略，将竹文化巧妙融入语文、美术、科学、历史乃至信息技术等多学科领域，构建一套立体而全面的竹文化教育体系。对于大学生思政教育而言，更是要将竹文化的物质形态与精神内涵深度融合于教学内容之中，结合马克思主义理论与社会主义核心价值观，引导学生以竹为镜，洞察事物发展的客观规律，使竹文化成为他们学习、生活及未来职业生涯的宝贵指南。深入挖掘竹文化的历史底蕴与民族智慧，通过讲述竹文化的起源、发展、演变与创新历程，让学生深刻理解中华优秀传统文化的独特价值与在全球视野下的重要地位，从而激发强烈的民族自豪感与主流意识形态认同，有效抵御不良文化和社会思潮的侵扰。同时，将竹文化所蕴含的道德情操、精神追求、人格典范及艺术审美等元素融入思政教育全过程，结合德、智、体、美、劳全面发展的要求，引导学生在竹精神的熏陶下树立正确的价值观，提升审美情趣、道德修养与社会责任感，成为有理想、有本领、有担当的新时代青年。

二、创新教育模式，丰富教学内容

在竹文化长久的发展历程中，通过文化之间的相互交融，凝聚起中华民族的智慧结晶，彰显着社会的道德原则。针对当前思政教育生动性不足，青年学生文化意识和素养提升过慢的现实问题，将竹文化资源应用到思政责任教育、文化教育中，能够更好地宣扬社会价值原则，培养学生社会责任感。长期以来，社会多元文化相互交融，我国传统文化的发展空间逐步缩小，在社会中的文化渗透力持续弱化。当代青年学生接触流行文化，盲目崇拜西方文化，对我国传统竹文化的感知力、认可度、信任度不足，不利于对学生文化素养的塑造。将传统竹文化化作思想政治教育中的底蕴，有利于引导学生认识到自身承担的责任，并处理好个人利益和集体利益的关系，在不断地发展自我、成就自我、奉献自我的过程中，获得精神浸润，激发人的行动、动机，使学生保持更加端正的社会态度，发挥自身的主动性和创造性，为社会建设和发展贡献力量。为此，应显著增强对竹文化传承人的支持力度，通过制定优惠政策与提供充足资金等多元化手段，为他们搭建稳固的支撑平台。同时，积极倡导并激励年轻一代投身于竹文化的传承与创新实践中，利用师徒相授、专业技能培训等有效模式，精心培育新一代的守护者。在传承人的引领下，竹文化的脉络得以绵延，其独特魅力与深远意义得以广泛传播。为进一步根植竹文化于年轻一代心中，应将竹文化教育纳入学校课程体系，不仅开设专门的竹文化课程，还组织丰富多彩的实践活动，让学生在亲身体验中领悟竹文化的精髓与韵味。此外，借助前沿的 AR 技术，让竹编工艺、竹画艺术等传统技艺以互动体验的方式生动呈现，激发学生对传统文化的兴趣与热爱，培养其文化自觉与文化自信，深入挖掘竹文化的历史底蕴、艺术价值及哲学思想，使之与现代生活紧密相连，焕发新的时代活力。通过讲述竹文化背后的动人故事与杰出人物，激发学生的情感共鸣与文化认同感，使之成为竹文化传承的积极参与者。系统研究竹文化的发展历程，展现其丰富的文化积淀与独特魅力，结合现代审美与需求，进行创造性转化，如将竹编融入现代设计，竹画融入家居装饰，让传统艺术焕发新生。在高等教育领域，思政教育者应充分利用腾讯课堂、网易云课堂等在线平台，精心打造竹文化主题课程，涵盖竹的种类、制作工艺、文化内涵及精神价值等多个维度内容，全面提升大学生的竹文化素养。通过课程的引导，让学生深刻理解竹文化中蕴含的民族精神与文化精髓，树立正确的价值观念与崇高理想。此外，鼓励大学生利用抖音、小红书等社交媒体平台，关注并分享竹文化相关的优质内容，通过短视频、直播、微电影等多种形式，感受竹文化的独特魅力，在以竹会友中提升个人修养与人文素质，增强文化认同与文化自信，自觉成为社会主义核心价值观的践行者，肩负起传承民族文化、实现民族复兴的伟大使命。

三、加强学术研究，推动创新发展

竹文化育人价值的挖掘与实现，亟须跨学科研究与合作的深化。它不仅跨越文学、艺术、历史等人文领域，还紧密关联生态、经济、科技等自然与社会科学。为此，促进不同学科间的交融互鉴，携手探索竹文化在多元领域的育人潜力尤为重要。将竹文化与生态学结合，可探讨其在环境保护教育中的独特作用；与经济学融合，能揭示其在促进可持续经济发展方面的教育价值；与材料科学交叉，则能开拓竹材在科技创新领域的育人新视角。此举不仅拓宽了教育视野与领域，更为竹文化的传承与发展注入了创新活力。专业人才是竹文化育人价值实现的关键。因此，应加大对相关研究人才的培养和投入，提升他们的专业素养与研究能力。设立专项基金以支持科研项目，定期举办学术研讨会促进思想碰撞，建立研究团队凝聚智慧力量，是吸引并培养竹文化研究人才的有效途径。同时，重视青年学者的成长，提供丰富的发展资源和平台，激发他们的创新思维与研究热忱，为竹文化研究的未来奠定坚实基础。鉴于竹文化作为中华优秀传统文化的独特魅力，其育人价值具有广泛的国际传播潜力。加强国际交流与合作，是推动竹文化育人价值走向世界的重要桥梁。举办国际学术研讨会与文化交流活动，汇聚全球智慧共谋发展，与国外教育机构携手合作，共同开发竹文化育人课程与项目，让竹文化的育人光芒照亮更广阔的国际舞台。大学生思政教育的高效开展有赖于理论教学与实践指导的兼顾，而对竹文化的全面理解和深入思考需要以实践指导为导向，有赖于大学生的实际参与和动手操作。这要求思政教育者加强与高校的协同配合，共同创设以竹文化为主题的校园文化和学习氛围，在校园内积极组织竹品鉴、竹诗竹画创作竞赛等实践活动，以寓教于乐的形式使大学生在亲身体验竹子的内涵和魅力的同时，深刻理解竹文化蕴含的爱国精神、奉献理念、人文情怀等内核，以增强大学生思政教育的文化浸润功能和价值引领作用。同时，思政教育者还需要鼓励大学生组建以竹文化为主题的学生社团，使学生在团队互助和共同协作中参与竹文化保护、竹文化推广、竹文化社区服务等社会实践，以此激发大学生传承并弘扬本土优秀文化的责任意识，培养大学生的社会责任感，为其成为推进中国式现代化的社会主义建设者和接班人打下坚实的基础。

第三节　未来竹文化教育的展望

一、竹文化教育研究领域的扩展

竹子，具有四季常青、外直中空、生而有节、弯曲不折的特点。将竹文化与教育领域有机融合，潜移默化地培养学生养成竹的精神品质。竹文化教育涉及个体情感、身心健康、社会交往、道德伦理及审美能力等多个维度，因此，不能仅局限于单纯的课堂教育，还得考虑普及学生的生活、思想、工作的各个角落，融入学生的心理健康、道德伦理与政治思想教育中去，才能实现竹文化全育教育。在进行竹文化教育研究时，可以借鉴竹文化研究领域的新成果，结合教育学、心理学、社会学等学科领域研究的热点，创新竹文化教育内容与教育形式。

竹文化教育的扩展表现在多个方面，其中跨学科融合是重要方式之一，而其中竹文化与社会教育的融合优势尤为突出，由于近几年在世界范围内的软实力的比拼，各国政府意识到对于本民族文化的沉淀，并利用文化内涵培养各国公民的学习能力是一个民族或国家未来发展所不可或缺的，基于此，中国提出了"文化强国"战略目标。"文化强国"战略提出了一系列具有重要意义的大思路，主要体现在培养社会主义核心价值观、弘扬中华优秀传统文化、提高国家文化软实力几个方面[①]。通过"文化强国"战略，融合建设学习型社会的目标，提出终身学习概念，是文化与社会教育融合发展的一环。而竹子作为中华传统文化传播积累的载体，对其发展也产生重要作用，是东方美的象征，代表着中华民族的品格和情操，是"文化强国"战略实施过程中的重要因素之一。竹文化馆集传承传统文化、欣赏陶冶性情、展示文化实践功能于一体，以实物、文字、图

---

① 张国祚. 习近平文化强国战略大思路[J]. 人民论坛, 2014(25): 72-75.

表等为呈现形式，兼顾"互联网+"技术引进。竹创工作坊是学生进行竹雕刻、竹编织、创意实践的工作坊，为学生提供新的学习空间与资源，实现"做中学"，培育实践创新素养，感受竹子济人利物的价值。通过竹文化与社会教育的结合，打破以往对于观察竹子外观特征以满足视觉感受的局限，将理解竹文化中所蕴含的文化意义以继承和发扬中华民族优秀文化，实现"文化强国"战略作为最终目标，是将竹文化与社会教育跨学科融合的较好诠释。

二、竹文化教育研究内容的深化

对于竹文化教育内容的深化有助于提升教育的全面性、深度与有效性，从而促进全育竹文化的实现。在竹文化教学内容创新上，可以考虑跨学科融合，在学科教学中可融入对竹文化知识的普及。具体的实施包括：在文学相关学科的课程设计上融入与竹相关的诗词歌赋及文章等；在历史学相关教学中融入竹在中国历史上的功能及作用；在艺术相关学科的教学中深入挖掘竹在艺术表现中的独特魅力，如竹雕、竹编、竹建筑等，结合现代设计理念，开展竹艺创作活动，让学生在动手实践中感受竹文化的审美价值，激发创新思维和审美能力。在竹文化教育中融入生态环保意识，介绍竹林的生态功能、竹制品的可持续利用等，引导学生理解人与自然和谐共生的理念，培养生态保护责任感。竹的四季常青、中空外直等特性，是道德教育的生动教材，郑板桥的《竹石》、苏轼的《于潜僧绿筠轩》等竹的品格故事，引导学生学习竹坚韧不拔、谦逊虚心的精神，培养正直、坚韧、谦逊的个人品质。此外，深入挖掘竹文化的内涵和外延，从竹子的生态价值、经济价值、文化价值、审美价值等多个角度进行竹文化丰富内容的阐述。通过讲述竹子在中华传统文化中的地位、竹子与文人墨客的关系、竹子在民间传说和神话故事中的形象等，加深学生对竹文化的全面认识和深刻理解。

通过对竹历史与文化背景的了解，对竹精神的象征意义及生态价值的意义的知晓等方面，更好地研究竹文化在中国历史长河中的发展脉络，从古代神话传说、文人墨客的诗书画作，到现代竹制品的广泛应用，全面了解竹文化在不同历史时期的表现形式和内涵。探讨竹子在中华传统文化中作为虚心、气节等精神象征的意义，分析这些精神特质如何影响并塑造了中华民族的性格与品格。研究竹子在生态环境保护中的作用，其对保持水土、净化空气、调节气候等方面，以及竹文化在推广绿色生活、倡导生态文明方面的贡献。

三、竹文化教育研究方法的改善

正确的活动组织形式是达成活动目的的重要前提。因此，教师在组织竹文化教育活动时，不应以传统教学方式来指导，而应充分结合活动内容及学生需求，灵活采用多种多样的形式来开展教育活动，以便为学生提供新鲜多元的学习氛围和动手机会。竹文化教育既要面向广泛群体进行普遍性教育，也要结合不同行业、专业群体开展特色化教育。就高校学生群体而言，竹文化特色讲座、报告会、课程开设、集体参观是高校常用的教育形式，但过于单一，缺乏一定创新性与针对性。首先，在进行竹文化初步教育时，形式多为单向交流，一般教师处于主导地位，学生较为被动，导致学生在接受教育时缺乏对竹文化内涵的深入思考。其次，竹文化教育主体多限定于高校内部，未与社会接轨，从而容易忽略理论结合实践，注重形式轻实效，最终导致学生对竹文化收获甚微。再次，教师还应对竹文化教育活动形式的特点及作用进行正确解析，这样才可真正做到结合学生需求因地制宜、因材施教地灵活选择竹文化教育活动形式。教师应积极创新竹文化教育活动的方法，充分调动学生对活动的浓厚兴趣和好奇欲望，引发强烈的学习动机，继而促使学生积极参与活动进行自我感知领悟、开展思维体会。在竹文化教育活动中，教师应循序渐进引导学生主动发现问题并探索解决问题的办法，让学生从"被教育"向"主动学"进行转变，提高学生的学习热情和自信，为学生创造更多不同情境的学习机会和条件。

学校是各类人才培养的主要场所，是知识创新和传播的集散地，有着丰富的教育和人才资源优势。学校之间是一种相辅相成的合作关系，为促使协同发展，学校之间应互相传输和分享各种资源和信息。学校之间可主动建立办学合作关系，有针对性地开展教师培训，提高教师的教育教学水平。在竹文化教育资源的开发工作中，学校也可邀请竹文化专家一同参与专业研讨，二者共同开发竹文化教育课程资源，引领学校更深一步了解教育改革趋势和具体方向，提高竹文化课程的开发和应用能力。在竹文化教学形式创新上，可以考虑拓展竹文化相关主题实践活动，组织学生进行户外竹编创作、竹画体验、竹林徒步等，让学生在实践中感受竹文化的魅力。此外，在教学方法上，应善于利用现代技术手段，创新教学内容方法。可以应用 AR 技术，虚拟制作出竹子生长全过程，欣赏竹制品艺术制作过程步骤，开发竹文化的互动游戏，并加以竹文化所蕴含的内涵的解说，图文并茂，加强对文化内涵的理解。同时，构建竹文化知识库，便于相关资料的查询与标准化的运行，实现竹文化教育的数字化、智能化、个性化的创新转型。

后 记

　　本书即将付梓，我们心中充满了感慨与期待。在撰写这本书的漫长过程中，我们仿佛踏上了一场深度探索竹文化之旅，逐渐领略到了竹文化所蕴含的深厚底蕴和独特魅力。这段经历不仅加深了我们对竹文化的理解，更坚定了我们将竹文化融入教育实践的信念。

　　竹，作为华夏大地由来已久的传统植物，自古以来便与炎黄子孙的生活生产息息相关。它具有净化空气、调节气候、防风固沙、保持水土等丰富的生态价值，更蕴含着谦逊虚心、坚韧不拔、高风亮节等深厚的文化内涵。在浙江农林大学，竹文化更是与学校"生态育人　育生态人"的教育理念不谋而合。

　　学校自启动实施"生态育人　育生态人"工程以来，着力推进"五大育人行动计划"，推进以绿色校园、文化景观、教育基地为重点的生态文化育人行动，始终秉持着生态文化育人的新时代人才培养理念。此外，作为特色标识鲜明的农林类院校，浙江农林大学积极构建打造生态文明研究院、乡村振兴研究院、"千万工程"研究院等研究平台，为学校生态育人提供理论支撑。正是在此背景下，我们在长期的育人实践工作中边积累、边教学，积极开展生态文明教育，启动了本书的编写工作，本书所呈现的竹的谦逊正直、诚信友善的精神品格，与学校贯彻的将生态教育与实践相结合的育人精神理念充分契合。

　　同时，本书也是浙江省高校辅导员名师工作室（"千万工程"研究与实践育人工作室），浙江农林大学生态文明研究院、乡村振兴研究院、非物质文化遗产研究院、风景园林与建筑学院、文法学院、"千万工程"研究院、乡村共富学院等研究平台共同的阶段性研究成果。在编写过程中，这些团队专家和学者的宝贵意见和建议为本书的顺利完成提供了坚实的支持。

　　最后，在此特别感谢所有为本书的创作提供支持和帮助的单位和个人。感谢编委会的各位成员在撰写过程中的辛勤付出和无私奉献；感谢浙江农林大学竹子研究院竹韵棠在照片素材拍摄过程中提供的大力支持;感谢中国环境出版集团的编辑和工作人员在本书的出版过程中所付出的努力和汗水。正是有了你们的支持和帮助,本书才得以顺利问世。

我们深知,本书的问世只是生态文化育人研究与实践的一个阶段性成果与新的起点,而非终点。未来,我们将继续秉承"生态育人　育生态人"的教育理念,不断探索和实践竹文化在育人方面的新路径和新方法,为培养更多具备生态文明素养和创新能力的人才贡献我们的力量。

编　者

2024 年 11 月